Inter University

- …電気エネルギー基礎
- …プラズマエレクトロニクス
- …電力システム工学
- …電気・電子材料
- …高電圧・絶縁工学
- …電気機器学
- …パワーエレクトロニクス

- …電子物性
- …半導体工学
- …電子デバイス
- …集積回路A
- …集積回路B
- …光エレクトロニクス

インターユニバーシティシリーズ

編集委員長　家田正之

　現在，各大学では，学部・学科の改編，大学院の整備，2期制（セメスタ制）の導入など，内部改革に伴うカリキュラムの見直しが行われています．これに対して，在来型の教科書では十分対応しきれず，学生の趣向，レベルに合致した新鮮な切り口と紙面で構成した学びやすい教科書が求められています．

　本シリーズは，この期待にこたえて，深い考察と討論を経て，一体感ある新進気鋭の編集陣による新しいタイプの教科書シリーズとして企画されたものです．

（第7回 日本工学教育協会賞「業績賞」受賞）

インターユニバーシティ編集委員会	
編集委員長　家田正之	
編集幹事　稲垣康善	（豊橋技術科学大学）
臼井支朗	（理化学研究所）
梅野正義	（中部大学）
大熊　繁	（名古屋大学）
縄田正人	（名城大学名誉教授）
（五十音順）	

インターユニバーシティ **IU**

電気機器学

松井 信行 ——— 編著

Ohmsha

インターユニバーシティ
電気機器学

編 著 者：松井信行（名古屋工業大学名誉教授）

執 筆 者：常廣　讓（名古屋工業大学名誉教授）

　　　　　竹下隆晴（名古屋工業大学）

　　　　　坪井和男（中部大学名誉教授）

　　　　　大熊　繁（名古屋大学名誉教授）

（執筆順）

本書を発行するにあたって，内容に誤りのないようできる限りの注意を払いましたが，本書の内容を適用した結果生じたこと，また，適用できなかった結果について，著者，出版社とも一切の責任を負いませんのでご了承ください．

本書は，「著作権法」によって，著作権等の権利が保護されている著作物です．本書の複製権・翻訳権・上映権・譲渡権・公衆送信権（送信可能化権を含む）は著作権者が保有しています．本書の全部または一部につき，無断で転載，複写複製，電子的装置への入力等をされると，著作権等の権利侵害となる場合があります．また，代行業者等の第三者によるスキャンやデジタル化は，たとえ個人や家庭内での利用であっても著作権法上認められておりませんので，ご注意ください．

本書の無断複写は，著作権法上の制限事項を除き，禁じられています．本書の複写複製を希望される場合は，そのつど事前に下記へ連絡して許諾を得てください．

出版者著作権管理機構
（電話 03-5244-5088, FAX 03-5244-5089, e-mail: info@jcopy.or.jp）

JCOPY ＜出版者著作権管理機構 委託出版物＞

はしがき

　モータはわれわれの周辺で，それとは気付かない場所にまで浸透し，単に生産設備のキーコンポーネントとしての役割にとどまらず，われわれの日常生活と切っても切れない関係にある．今日はコンピュータを中心にした情報社会，通信社会といわれるが，そのコンピュータの周辺機器とてモータなくしては機能しないし，日ごろよく使っている乗用車や家電製品もモータなくしてはまったく機能しないものである．

　モータはその歴史が100年を超えている．そのこともあって，ともすれば古いもの，ローテク製品ととらえられがちであるが，本書の1章にも紹介されているように，時代の要求とともに飛躍的にその技術が進展し，今もなお成長を続けている．その応用範囲の広がりとともにモータを支える技術も総合化し，電気，機械，材料，制御，マイクロエレクトロニクス，ソフトウェア技術などとつながりをもった総合技術とさえいえよう．

　本書は今もなお成長を続けるモータを中心に，大学での電気機器学の講義用にまとめたものである．本書を企画するにあたり，必ずしも専門知識をもち合わせていない初学者にも十分理解できること，電気工学の基礎的な考え方とのつながりを明らかにすること，単に大学の教科書にとどまらず，各種資格試験への備えにも役立つことをねらいとした．

　この観点から本書では，まず1章で電気機器とわれわれの日常生活のかかわり，電気機器学の広がりと学び方を説明し，続いて2章で電気工学の基礎的な知識と電気機器学へのつながりを明らかにしている．これによって電気機器学の概論としての形をとっており，初学者への導入部をなすと同時に，既習得者の知識の再整理にも役立つと考えている．以後の章は電気機器学の各論に相当し，3章で直流モータ，4章で変圧器，5章で誘導モータ，6章で同期モータ，

さらに7章でリニアモータについて，それぞれ基本的な原理から応用に至るまでを学ぶことになる．各章にはやや難解な事項を「囲み記事」として配置し，章末に演習問題を設けるなどして理解を助けている．本書によって，モータを中心とした電気機器学への理解と興味を深めていただければ，著者らの幸いとするところである．

　最後に，インターユニバーシティシリーズ企画への参画と本書出版の機会を与えていただきました編集委員長・故家田正之先生に心からの謝意を表すとともに，本書執筆にご尽力いただいた執筆委員各位，ならびにオーム社関係者に厚く謝意を表す．

　2000年7月

松　井　信　行

目次

1章　電気機器学の学び方

1. 電気機器とわれわれの日常生活 …………………………………… 1
2. 電気機器の多様な展開 ……………………………………………… 2
3. 電気機器はどんな役割を演じているか …………………………… 3
4. 電気機器にはどんな種類があるか ………………………………… 4
5. モータが関連する技術分野とは …………………………………… 5
演習問題□□□ ……………………………………………………………… 6

2章　電磁エネルギー変換はどのように行われるか

1. コイルのインダクタンスを考えてみよう ………………………… 7
2. 磁気エネルギーとインダクタンス ………………………………… 8
3. 磁気エネルギーと磁気随伴エネルギーについて ………………… 10
4. 電磁力はどのように発生するか …………………………………… 11
5. 電気系と機械系のエネルギーの変換は …………………………… 14
6. 交流モータにどのようにコイルを巻くか ………………………… 15
7. 交番磁界と回転磁界について ……………………………………… 17
8. 回転磁界の速度は何で決まるか …………………………………… 19
9. 回転磁界で回るモータとは ………………………………………… 21
演習問題□□□ ……………………………………………………………… 22

3章　直流モータはどんなモータか

1. DCモータはどのようにして回転するか …………………………… 23
2. 励磁方式と分類 ……………………………………………………… 24
3. DCモータの性質はどう表せるか …………………………………… 25
4. DCモータの運転特性は ……………………………………………… 27
5. 速度と効率は負荷によってどう変わるか ………………………… 29
6. 最大効率で運転するには …………………………………………… 30

7. モータの結線で特性はどう変わるか……………………………………*31*
8. 素早い動作の実現のために……………………………………………*34*
9. DCモータの省エネ加減速とは………………………………………*36*
10. エレクトロニクスでDCモータを制御するには……………………*37*
11. 正/逆運転を実現させる可逆運転用チョッパ………………………*39*
演習問題□□□……………………………………………………………*41*

4章 変圧器はどんな働きをするか

1. 変圧器とは………………………………………………………………*43*
2. 密結合変圧器のインダクタンスを導こう……………………………*44*
3. 密結合変圧器の等価回路を導こう……………………………………*47*
4. 実際の変圧器と密結合変圧器の違いは何か…………………………*48*
5. 正弦波電圧に対する等価回路を理解しよう…………………………*53*
6. 等価回路の回路定数計測はどうするか………………………………*55*
7. 電圧・電流のベクトル図を描こう……………………………………*56*
8. 負荷により電圧はどのように変化するか……………………………*57*
9. 変圧器の効率を理解しよう……………………………………………*59*
10. 三相回路への応用を考えよう…………………………………………*60*
演習問題□□□……………………………………………………………*65*

5章 誘導モータはどんなモータか

1. 誘導モータはなぜ回転するか…………………………………………*67*
2. 同期速度と滑りの意味を理解しよう…………………………………*69*
3. 誘導モータの構造を調べよう…………………………………………*70*
4. 回転子の誘導起電力を求めよう………………………………………*72*
5. 等価回路を導こう………………………………………………………*73*
6. 等価回路定数の求め方を調べよう……………………………………*74*
7. 等価回路から特性を求めよう…………………………………………*76*
8. 特性曲線にはどんなものがあるか……………………………………*77*

9. 始動にはどんな工夫を必要とするか ……………………………… *80*
  10. 速度を制御する方法を調べよう ………………………………… *82*
  11. 制動方法を調べよう ……………………………………………… *85*
  12. 純単相誘導モータの回転磁界の考え方 ………………………… *86*
  13. 二相誘導モータの回転磁界を調べよう ………………………… *87*
  14 単相誘導モータにはどんな種類があるか ……………………… *88*
   演習問題□□□ ……………………………………………………… *91*

6 章　同期モータはどんなモータか

   1. 同期機を理解しよう ……………………………………………… *93*
   2. 同期機の分類 ……………………………………………………… *95*
   3. 同期機の等価回路を理解しよう ………………………………… *96*
   4. 同期発電機の電圧はどのように変化するか …………………… *100*
   5. 負荷角と出力の関係を理解しよう ……………………………… *102*
   6. 同期モータのベクトル図を理解しよう ………………………… *103*
   7. 同期モータの始動はどうするか ………………………………… *106*
   8. 可変速制御のためのインバータとは …………………………… *106*
   9. ブラシレスモータのしくみと制御法を理解しよう …………… *109*
  10. ステッピングモータはどんなモータか ………………………… *113*
   演習問題□□□ ……………………………………………………… *118*

7 章　リニアモータはどんなモータか

   1. リニア直流モータの原理と特徴を理解しよう ………………… *119*
   2. リニア直流モータを産業機械へ応用しよう …………………… *120*
   3. リニア同期モータの原理と特徴を理解しよう ………………… *121*
   4. リニア同期モータを輸送機関へ応用しよう …………………… *123*
   5. リニア誘導モータはどんなモータか …………………………… *125*
   6. リニア誘導モータを搬送装置へ応用しよう …………………… *126*
   7. リニアパルスモータの原理と特徴を理解しよう ……………… *126*

8. リニアパルスモータを情報機器へ応用しよう ············· *128*
　　演習問題□□□ ·· *128*

演習問題解答·· *130*
参 考 文 献·· *135*
索　　　引·· *137*

囲み記事

　　単位の換算に気をつけよう！ ·· *3*
　　磁気飽和現象のない場合の力とトルクはどう記せる？ ··· *13*
　　小さいモータの場合には ·· *26*
　　小さいモータの特性は少し違う！ ·································· *28*
　　ヒステリシス損発生のしくみ ··· *52*
　　励磁回路の並列表現と直列表現 ····································· *54*
　　等価回路定数を精度よく求めよう ·································· *75*
　　速度制御に用いられるPI制御法 ··································· *111*
　　ヒステリシスコンパレータを用いた電流制御法 ········· *114*
　　リニアモータを使ってスペースシャトルを飛ばそう··· *124*

1章 電気機器学の学び方

この章では，本書の前書きでも触れられているように，われわれの日常生活に深いかかわり合いをもつ電気機器を学ぶに先立って，電気機器学がどのような形で電気工学の分野と関係し，それを学ぶためにはどのような点に配慮しなければならないかを，簡単に説明しておこう．

① 電気機器とわれわれの日常生活

かたいイメージのある電気機器であるが，われわれの日常生活とどのようなかかわり合いをもっているか，君の一日の生活を振り返えって考えてみよう．

君は今朝，ステッピングモータが正確に時を刻む目覚時計の音で目を覚まし，誘導モータで動く洗濯機でこざっぱりと洗濯された下着をつけ，直流モータで動作する電動歯ブラシで洗面を済ました．ブラシレスモータで回転するファンで快適に空調されたダイニングルームで朝食をとり，誘導モータを使ったヘアドライヤで整髪して自宅を後にした．

駅では直流モータで素早く定期券を通す自動改札を抜け，誘導モータで走る郊外電車で大学に向かった．研究室のコンピュータではブラシレスモータでフロッピィディスクが操作され，ステッピングモータで正確に紙送りされるプリンタで懸案のレポートを作成した．研究室内では携帯電話を直流モータで作動するバイブレーションモードに切り換え，他人の迷惑にならないように心がけた．その後，誘導モータ駆動のエスカレータで地下食堂に行き，直流モータが送り出すチケットで昼食を注文し，昼食後は，誘導モータで動くエレベータで研究室に戻った．午後はブラシレスモータが多用されているコピー機で文献をコピーし，ゼミに備えて問題点を整理した．強い日差しを避けるため，リニアモータで作動する電動カーテンを操作した．

帰宅途上，直流モータがすっとカードを吸い取る公衆電話で友人に電話した後，バス路線が最近変更になったのでステッピングモータで変わるバスの方向幕に注意が必要だった．夕食後，ブラシレスモータで昨日楽しんだビデオテープを巻き

戻し，直流モータを使った電動自転車でレンタルビデオ店に行った．途上，ブラシレスモータや誘導モータで走る電気自動車が，君を追い抜いて行った．就寝前にはブラシレスモータで最適燃焼が実現して小型化された湯沸器の快適な湯でシャワーを浴びた．

このようにコンピュータ万能時代といわれる今日にあって，なお，モータに代表される電気機器は私達の毎日の生活の中にしっかりと根ざしている．さらに生産現場の自動化された機械は，モータなしでは語れない．

② 電気機器の多様な展開

前節で私達の日常生活とモータがどんなふうにかかわり合っているかを紹介した．このほかにも，日常あまり接することがないために一般的にはよく知られていないが，生産現場では多くの機械にいろいろな種類のモータが，大小とり混ぜて使われている．モータの世界でいう大小とは，もちろん物理的な大きさをいう場合もあるが，後に説明する出力を指す場合が多い．**図1・1**は産業用に用いられ

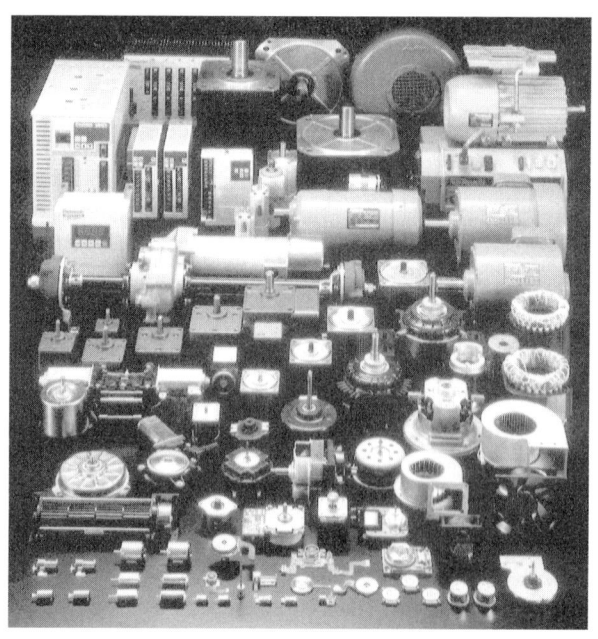

図1・1　産業用に用いられている各種モータ（提供：松下電器産業）

ている各種モータを示したものである．このほかに，われわれが日常用いている事務機械や情報機器にもさまざまな形のモータが開発されている．

3 電気機器はどんな役割を演じているか

　本書で取り扱う電気機器は，一般には"電気/機械エネルギー変換器"ともいわれ，電圧，電流，周波数で決まる電気的入力を回転数，トルクで決まる機械パワーに変換する働きをなす．一般には，単位時間でなす仕事を考えるのが便利で，エネルギーと時間の単位がジュール（J）と秒（s）であるから，仕事率，すなわちパワーはワット（W）である．電圧，電流の単位をそれぞれ（V），（A）とするとき電気的入力P_1は，直流にあっては電圧，電流の平均値をV_{dc}, I_{dc}と記すとき

$$P_1 = P_{dc} = V_{dc} \cdot I_{dc} \,\text{(W)} \tag{1・1}$$

　また，m相交流にあっては，各相の電圧，電流の実効値をそれぞれV_{ac}, I_{ac}，力率を$\cos \theta$で表すと

$$P_1 = P_{ac} = mV_{ac} \cdot I_{ac} \cos \theta \,\text{(W)} \tag{1・2}$$

と記せる．一方，機械的出力は，回転角速度ω_m，トルクTをそれぞれSI単位系のrad/s, N·mで与えると

$$P_2 = \omega_m \cdot T \,\text{(W)} \tag{1・3}$$

となり，一般的には効率η〔％〕を考慮すると次式の関係がある．

$$P_2 = P_1 \cdot \eta/100 \tag{1・4}$$

単位の換算に気をつけよう！

　本章の諸式はSI単位形で表しているが，一般には回転数は毎分回転数（rpm），トルクはkgf·mで表現することが多い．両者の換算は

　　　rad/s×60/2π＝rpm＝min⁻¹　　kgf·m＝9.8N·m

で行えばよい．

④ 電気機器にはどんな種類があるか

電気機器には大きく分けて**図1・2**に示すように静止機と回転機があり，前者には2章，4章で紹介する変圧器やリアクトルがある．これは，入・出力ともが電気量であって，電気エネルギー変換を行う機器である．

回転機の中には，機械的動力を受けてこれを電気量に変換する発電機と，電気的パワーを受けてこれを機械的パワーに変換するモータがある．本書で主として扱うのはこの回転機の中のモータである．

図1・2　電気機器の種類

モータは物を動かすための動力を発生するものである．動力の発生源はモータに限るものではなく，たとえばパワーシャベルのような大きな力を必要とする用途には油圧式アクチュエータが用いられ，また，歯科医用の治療機器のような軽量でかつ高速駆動が要求される用途には空気圧式アクチュエータが用いられるなど，それぞれのもつ特徴を生かした使い方がなされる．しかし，モータ以外のアクチュエータは，たとえば油圧源や配管が必要であったり，周辺のクリーンさの問題があったりするほか，周辺温度によって動作特性が変わるなどの問題点があり，近年はこれらの多くもモータに代わりつつある．

さて，モータにもいくつかの種類があり，使用する電源の種類や要求される動作の違いによって**図1・3**に示すように分類されることが多い．このように種類の多いモータを学ぶについては，個々の原理をよく理解し，その原理の違いによって生ずる特性の差異をよく知ることがたいせつである．なお，この中で，交流整流子モータは簡便に数万回転という高速回転が実現できる特徴をもつが，その応用がもっぱら電動工具や掃除機，ジューサミキサなどに限定されているので，本書ではその詳細は割愛している．また，リラクタンスモータとスイッチトリラクタンスモータについても，それらの用途が比較的限定されている現状から，本書では簡単に触れるにとどめている．

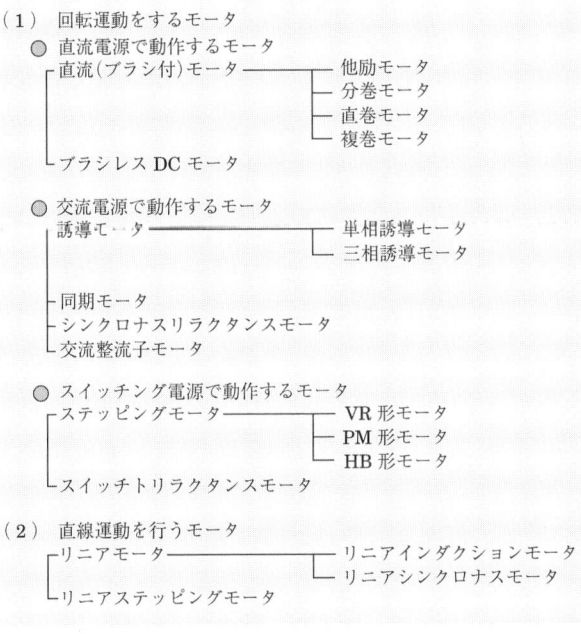

図1・3 モータの分類

5 モータが関連する技術分野とは

　一般には「モータ」という言葉を耳にした読者の多くは，それが鉄と銅の塊というイメージをもつだろう．しかし，**図1・4**に示すように今日的なモータは，トルク発生に関与する電磁気現象と電磁材料，パワーエレクトロニクス，コントロールの3要素に深く関係している．

　電気的なエネルギーには静電エネルギーと磁気エネルギーがあるが，モータの多くは磁気エネルギーを用いる．そして，モータは元来，内部に生ずる電磁気学的な現象によって与えられた電圧，電流，あるいは周波数のもとで所望のトルク，あるいは出力を出すものであるから，その要素として磁性材料や電気材料の知識はもとより，それらの組合せを設計するための計算機援用設計，解析技術がきわめて重要である．

　また，このモータに所望の電圧，電流，周波数を供給するためのパワーエレク

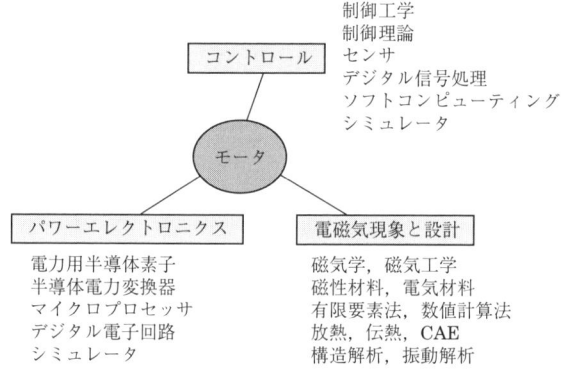

図1・4 モータと関連する技術分野

トロニクス技術,さらに出力トルクや回転数をユーザの希望する形に制御するためのコントロール技術を融合して,今日のモータは使用されている.

演習問題

問1 自分の周辺でどのような所にモータが用いられているか,改めて見直してみよ.物が動く部分には基本的にモータが用いられていると考え,車,バイク,コンピュータ周辺機器,OA,AV機器をよく見直してみよ.

問2 日常単位系とSI単位系の換算について確認せよ.

電磁エネルギー変換はどのように行われるか

　この章ではモータ内部で生じている電磁気的な振る舞いを理解するために，"電気磁気学"から"電気機器学"への橋渡しとして，磁気に関する基本事項を整理し，電気/機械エネルギー変換のしくみを考えてみよう．

① コイルのインダクタンスを考えてみよう

　いま，図 2・1 (a) に示すように鉄心に巻かれたコイル①，②で，コイル①に電流 i_1 を通じたとしよう．電磁気学の教えるところにより，この場合，「アンペア右ねじの法則」による磁束が生じ，その大部分は図の ϕ_m のように鉄心中を通りコイル②に鎖交（貫通）する．そのほかに図示の ϕ_l のように，コイル①にのみ鎖交する磁束もわずかに存在する．ϕ_m，ϕ_l をそれぞれ**有効磁束**，**漏れ磁束**と呼ぶが，これらは比例定数を K_m，K_l とするとき

$$\phi_m = K_m \cdot N_1 \cdot i_1, \quad \phi_l = K_l \cdot N_1 \cdot i_1 \tag{2・1}$$

と記せる．

　ここで，電流 i_1 が時間的に変化すれば ϕ_m や ϕ_l も時間的に変化することになるので，コイル①，②には次式の**逆起電力** e_1，e_2 が誘導される．

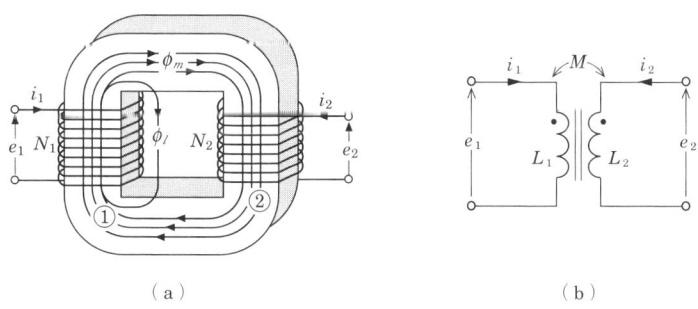

図 2・1　インダクタンスの説明図

$$e_1 = N_1 \frac{d}{dt}(\phi_m + \phi_l) = L_1 \frac{di_1}{dt}$$
$$e_2 = N_2 \frac{d}{dt}\phi_m = M \frac{di_1}{dt}$$
$$(2\cdot 2)$$

ここで，L_1，M をそれぞれ**自己インダクタンス**，**相互インダクタンス**と呼び，式 (2·1)，(2·2) からそれぞれ次式で与えられる．

$$L_1 = (K_m + K_l)N_1^2, \quad M = K_m N_1 N_2 \quad (2\cdot 3)$$

上記の例ではコイル①にのみ電流 i_1 を流す場合を考えたが，コイル②にのみ電流 i_2 を流す場合も同様の手順で考えることができ，その場合のコイル①，②の逆起電力はそれぞれ添字に注意して

$$e_1 = N_1 \frac{d}{dt}\phi_m = M \frac{di_2}{dt}$$
$$e_2 = N_2 \frac{d}{dt}(\phi_m + \phi_l) = L_2 \frac{di_2}{dt}$$
$$(2\cdot 4)$$

ただし，$L_2 = (K_m + K_l)N_2^2$

と記せ，自己インダクタンス L_2 が新たに導入されることが理解できよう．

図2·1 (a) は二つのコイルが磁気的に結合したものであるから，通常は図 (b) の回路図で表される．このとき，コイルに付してある●が重要で「●からコイルに電流が流入するとき，図2·1 (a) に示すように鉄心内には同方向の磁束が発生する」と定義する．そして，このときの M の符号を正とする．

さて，図2·1 (b) で両コイルにそれぞれ電流 i_1，i_2 が流入するとき，**逆起電力**あるいは**誘導起電力**は式 (2·2)，(2·4) より

$$e_1 = L_1 \frac{di_1}{dt} + M \frac{di_2}{dt}$$
$$e_2 = M \frac{di_1}{dt} + L_2 \frac{di_2}{dt}$$
$$(2\cdot 5)$$

と記せることが理解できよう．

② 磁気エネルギーとインダクタンス

図2·1をもとに，$i_1 = i_2 = 0$ の状態から出発してそれぞれ一定値 $i_1 = I_1$，$i_2 = I_2$ となったときの磁気エネルギーを次のように2段階に分けて考えてみよう．このとき，図2·1でわざと巻線抵抗がない状態を考えているので，損失はないわけで

あるから，$i_1=i_2=0$ から $i_1=I_1$，$i_2=I_2$ になるまでに外から加えた電気エネルギーが，図2・1の電流 i_1，i_2 がつくる磁場にたくわえられるエネルギー（**磁気エネルギー**）に等しいと考える点がポイントである．

まず，$i_2=0$ の状態で，$i_1=0$ から時間 t を経て $i_1=I_1$ に至るまでの電気エネルギーは，e_1 という逆起電力に逆らって i_1 を注入するわけであるから

$$W_1 = \int_0^t e_1 i_1 dt = \int_0^t L_1 \frac{di_1}{dt} i_1 dt$$
$$= L_1 \int_0^{I_1} i_1 di_1 = \frac{1}{2} L_1 I_1^2 \qquad (2\cdot 6)$$

となる．次いで，$i_1=I_1$ に保った状態で，$i_2=0$ から $i_2=I_2$ に至るまでの電気エネルギー W_2 は i_1 に関する微分項が0であることに留意して

$$W_2 = \int_0^t (e_1 i_1 + e_2 i_2) dt$$
$$= \int_0^t \left\{ \left(M\frac{di_2}{dt}\cdot I_1\right) + L_2 \frac{di_2}{dt}\cdot i_2 \right\} dt$$
$$= \int_0^{I_2} (MI_1 + L_2 i_2) di_2$$
$$= MI_1 I_2 + \frac{1}{2} L_2 I_2^2 \qquad (2\cdot 7)$$

となる．

したがって，この例のように**エネルギー消費要素**（具体的にはコイルの抵抗）を考えない場合には $i_1=i_2=0$ から $i_1=I_1$，$i_2=I_2$ に至るまでに電源が注入した電気エネルギーはすべて磁気エネルギーとしてたくわえられ，その総量 W_m は，式 (2・6)，(2・7) から

$$W_m = \frac{1}{2} L_1 I_1^2 + \frac{1}{2} L_2 I_2^2 + MI_1 I_2 \qquad (2\cdot 8)$$

である．

例題1 図2・2で鉄の透磁率を μ_s とするとき，以下の問に答えよ．
(1) 巻線のインダクタンス L を求めよ．
(2) 全体の磁気エネルギー W_m のうち，ギャップにたくわえられるエネルギー W_{mg} の比はいくらか．

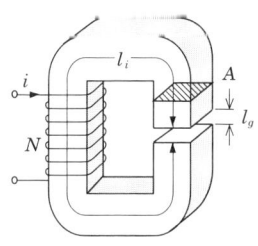

図2・2 ギャップをもつリアクトル

[解答]

(1) 鉄心およびギャップの磁界の強さをH_i, H_gとするとき，アンペア周回積分の法則から

$$l_i H_i + l_g H_g = Ni$$

また，鉄心とギャップの磁束密度Bは等しいから

$$B = \mu_0 H_g = \mu_s H_i$$

これらの関係から磁束ϕ_mは

$$\phi_m = AB = \frac{\mu_0 A}{l_g + (\mu_0/\mu_s) l_i} Ni$$

と計算され，$N\phi_m = Li$ を用いるとLは次のようになる．

$$L = \frac{\mu_0 A N^2}{l_g + (\mu_0/\mu_s) l_i}$$

(2) 電磁気学によれば，磁束密度B，磁界の強さHの場所の磁気エネルギー密度は$W_m = BH/2$ [J/m³] である．鉄心とギャップの体積はそれぞれAl_i, Al_gであるから

$$\frac{W_{mg}}{W_m} = \frac{Al_g \cdot BH_g}{Al_i \cdot BH_i + Al_g \cdot BH_g} = \frac{l_g}{l_g + (\mu_0/\mu_s) l_i}$$

一例として$l_i = 500$ mm，$l_g = 2$ mm，$\mu_s = 5\,000$ H/m，$\mu_0 = 4\pi \times 10^{-7}$ H/mとすると，$W_{mg}/W_m = 0.95$で，磁気エネルギーの大半はギャップにたくわえられることがわかる．

③ 磁気エネルギーと磁気随伴エネルギーについて

一般に図2・2のような機器で，鉄心の磁界の強さHと磁束密度Bの関係を調べると，**図2・3**に示すような非線形の磁化特性が得られる．また，コイル電流iと磁界の強さHの間には，$l_i + \mu_s/\mu_0 \cdot l_g = l$ として

$$l \cdot H = Ni \qquad (2・8)$$

の関係があり，一方，コイルの磁束鎖交数λは鉄心の断面積をAとすると

$$\lambda = N \cdot \phi_m = N \cdot A \cdot B \qquad (2・9)$$

である．このことから図2・3の磁化特性の横軸をl/N倍，縦軸をNA倍すると，鉄の磁化特性は**図2・4**(a)に示すi-λ特性に書き換えることができる．

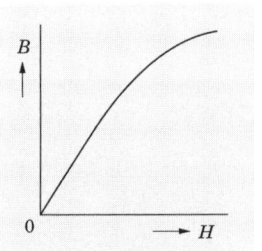

図2・3 鉄の磁化特性

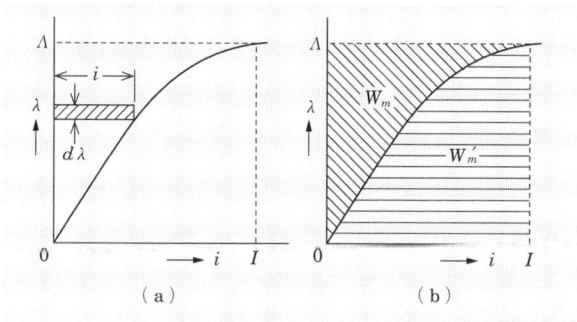

図 2・4 i-λ 座標軸での磁気エネルギーと磁気随伴エネルギー

ここで，$i=I$ なる電流を流すときの磁気エネルギーを求めると，逆起電力 $e=d\lambda/dt$ であるから

$$W_m = \int_0^t e \cdot i\, dt = \int_0^\Lambda i\, d\lambda \tag{2・10}$$

となり，磁気エネルギー W_m は図 2・4(b) の斜線部，つまり i-λ 特性と λ 軸が囲む面積に等しいことがわかる．

図 2・4(b) で i-λ 特性と i 軸が囲む面積 $W_m{}'$ は

$$W_m{}' = \int_{i=0}^I \lambda \cdot di = \Lambda I - W_m \tag{2・11}$$

となる．この $W_m{}'$ は**磁気随伴エネルギー**と呼ばれ，トルクの計算などに有用な量である．

④ 電磁力はどのように発生するか

図 2・5 の電磁石で，コイルに外部から電流 i を流すとき，電磁石の可動部（プランジャ）に働く力 f を求めてみよう．詳細な議論に入る前に次の例題を考えよう．

例題 2 図 2・5 で鉄の透磁率が十分大で ∞ として扱えるとき，磁束鎖交数 λ およびインダクタンス L を求めよ．

[解答] $\mu_s = \infty$ のときは，$H_i = B/\mu_s = 0$ にな

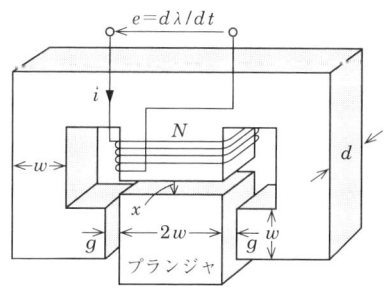

図 2・5 電磁石に働く電磁力

るので，ギャップの磁界だけを考えればよい．

ここで，構造の対称性からコイルの中心より左半分を考えると，ギャップの部分は全ギャップ長が $g+x$，ギャップ断面積が $w \cdot d$ であることがわかる．そこで，アンペア周回積分の法則から

$$gH_g + xH_x = Ni$$

また，ギャップ g および x での磁束密度を B とすると $B = \mu_0 H_g (= \mu_0 H_x)$，コイルを通過する磁束 $\phi = 2 \cdot wd \cdot B$，**磁束鎖交数** $\lambda = N\phi = L \cdot i$ であるから

$$\lambda = N\phi = 2 \cdot wd \cdot N \cdot B = 2\mu_0 \cdot wd \cdot N \cdot H_g = \frac{2\mu_0 \cdot wd \cdot N^2}{g+x} i$$

$$L = \lambda/i = \frac{2\mu_0 \cdot wd \cdot N^2}{g+x}$$

この例題からも明らかなように，磁束鎖交数 λ は変位 x と電流 i の関数として表されるので，系の状態を表す独立変数として x と i を選んでよい．あるいは，電流 i を x と λ の関数と見なし，x と λ を独立変数に選んでもよい．ここでは，λ と x を独立変数に選ぼう．このときの磁気エネルギー W_m は

$$W_m = \int_0^\lambda i(\lambda \cdot x) \, d\lambda \equiv W_m(\lambda \cdot x) \tag{2・12}$$

となるので，その変化分は

$$dW_m = \frac{\partial W_m}{\partial \lambda} d\lambda + \frac{\partial W_m}{\partial x} \cdot dx \tag{2・13}$$

と記せる．一方，図 2・5 では，2・2 節の議論と同様エネルギーの消費要素は考えていないので

(系に加わる電気入力) = (磁気エネルギーの増加分) + (機械的な仕事)
$$dW_e = dW_m + dW_{mech} \tag{2・14}$$

の関係がある．ここで

$$\left. \begin{array}{l} dW_e = e \cdot i \cdot dt = \dfrac{d\lambda}{dt} \cdot i \cdot dt = i d\lambda \\[2mm] dW_{mech} = f \cdot dx \end{array} \right\} \tag{2・15}$$

であるから，式 (2・13)〜(2・15) より

$$\left(i - \frac{\partial W_m}{\partial \lambda}\right) d\lambda - \left(f + \frac{\partial W_m}{\partial x}\right) dx = 0 \tag{2・16}$$

が得られる．議論の出発点は λ と x が独立であるとしているから，上式が恒等的に成立するには，$d\lambda$，dx の係数が 0 でなければならず，これより力 f に関し，

次式を得る．

$$f(\lambda, x) = -\frac{\partial W_m(\lambda, x)}{\partial x} \quad (2\cdot 17)$$

例題3 独立変数に i と x を選ぶと

$$f(i, x) = \frac{\partial W_m{}'(i, x)}{\partial x}$$

となることを説明せよ．

[解答] 2・3節の式 (2・11) より $W_m + W_m{}' = \lambda i$ であるから，これを考慮して式 (2・14) を変形すると

$$dW_{mech} = f \cdot dx = dW_e - dW_m = i d\lambda - d(\lambda i - W_m{}')$$

$$= i d\lambda - \lambda di - i d\lambda + \frac{\partial W_m{}'}{\partial i} di + \frac{\partial W_m{}'}{\partial x} dx$$

$$= -\left(\lambda - \frac{\partial W_m{}'}{\partial i}\right) di + \frac{\partial W_m{}'}{\partial x} dx$$

$$\therefore \left(f - \frac{\partial W_m{}'}{\partial x}\right) dx + \left(\lambda - \frac{\partial W_m{}'}{\partial i}\right) di = 0$$

x と i を独立変数に選んでいるので，上式が常に成り立つためには，dx と di の係数が0でなければならない．よって次式が得られる．

$$f(i, x) = \frac{\partial W_m{}'(i, x)}{\partial x}$$

磁気飽和現象のない場合の力とトルクはどう記せる？

一般に，磁化特性に飽和現象がない場合には図2・4 (b) からも明らかなように

$$W_m{}'(i, x) = W_m(i, x) = \frac{1}{2} \lambda \cdot I = \frac{1}{2}(Li)i = \frac{1}{2}L(x)i^2 \quad \langle 1 \rangle$$

と記せるので，力 f を次式で求めてよい．

$$\tau(i, x) = \frac{\partial W_m(i, x)}{\partial x} = \frac{1}{2} \cdot \frac{\partial L(x)}{\partial x} i^2 \quad \langle 2 \rangle$$

また，ここまでは直線運動系について説明したが，モータのような回転系では

変位 x [m] → 回転角 θ [rad]
力 f [N] → トルク τ [N・m]

として

$$\tau(i, \theta) = \frac{\partial W_m(i, \theta)}{\partial \theta} = \frac{1}{2} \cdot \frac{\partial L(\theta)}{\partial \theta} i^2 \quad \langle 3 \rangle$$

と記すことができる．

⑤ 電気系と機械系のエネルギーの変換は

ここでは前節の説明を受けて具体的な二つの例題を考えることにより，電気系と機械系のエネルギー変換の具体的な姿をみることにしよう．

例題4 図 2·5 でコイルに直流電流 $i=I$ を流すときの電磁力 f はどのように表されるか．

[解答] 例題2の結果からインダクタンス L は x の関数として

$$L(x) = \frac{2\mu_0 w d N^2}{g+x}$$

と記せる．そこで，前ページ囲み記事の式〈2〉を用いると電磁力 f は

$$f = \frac{1}{2} \cdot \frac{\partial L(x)}{\partial x} \cdot I^2 = -\frac{\mu_0 w d N^2}{(g+x)^2} \cdot I^2 \qquad (2 \cdot 18)$$

となる．f は負であるから図 2·5 で x が減少する方向，すなわち吸引力が作用する．

例題5 図 2·6 はリラクタンスモータの原理を示す図である．回転子の位置 θ に対し，固定子コイルのインダクタンスが $L(\theta) = L_1 + L_2 \cos 2\theta$ と変化することがわかっているとし，$i = I\cos\omega_0 t$ の交流電流をコイルに流すとき，モータとして動作する条件を求めよ．ただし，磁気系は線形であるとし，回転子位置 θ は $\theta = \omega_m t - \delta$ と与えられるとせよ．

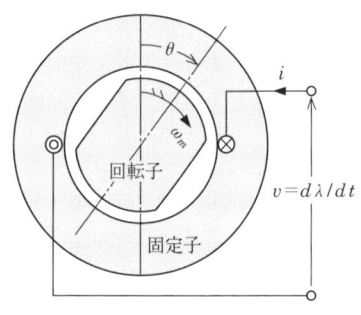

図 2·6 リラクタンスモータの原理図

[解答] 発生トルクを τ として，前ページ囲み記事の式〈3〉より

$$\tau = \frac{1}{2} i^2 \frac{\partial L(\theta)}{\partial \theta}$$

$$= -\frac{L_2 I^2}{2}\left[\sin 2(\omega_m t - \delta) + \frac{1}{2}\sin 2\{(\omega_0 + \omega_m)t - \delta\} - \frac{1}{2}\sin 2\{(\omega_0 - \omega_m)t + \delta\}\right]$$

が得られる．モータ動作を行うには，τ の平均値 >0 であることが必要であるから，右辺の第3項が正の定数になるとき，すなわち

$$\omega_m = \omega_0, \qquad 0 < \delta < \frac{\pi}{2} \qquad (2 \cdot 19)$$

がモータとして動作する条件である［$\sin(\omega t + \beta)$ の平均値は $\omega \neq 0$ のときは 0 である］．

6 交流モータにどのようにコイルを巻くか

図2・7は一般的な交流モータの断面を示したものである．固定子鉄心は通常けい素鋼板を積層（積上げ）してつくられ，図示のように巻線（コイル）を収めるスロットが多数設けられている．たとえば図2・7の構造ではコイルは図に示すようにスロット1から入って

$$1\text{-}1'\to 2\text{-}2'\to 3\text{-}3'$$

とつながって1組になっている．なぜ，このような巻き方をするのか順を追って考えてみよう．

いま，図2・7で，上向き垂直方向を角度原点として，コイル2-2′を取り出したのが図2・8(a)である．ここで図2・7のコイルに電流iを流すと図2・8(a)のような磁力線が発生する．一般に鉄の比透磁率はきわめて大きいので，ギャップ部のみを考えるとすると，ギャップ中の磁束密度B_gはギャップ長をl_g，コイル巻数をN（図の

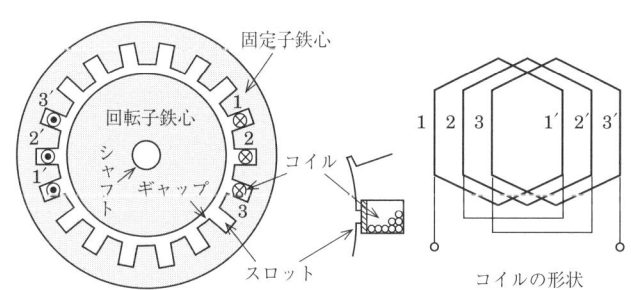

図2・7　一般的な交流モータの断面とコイル

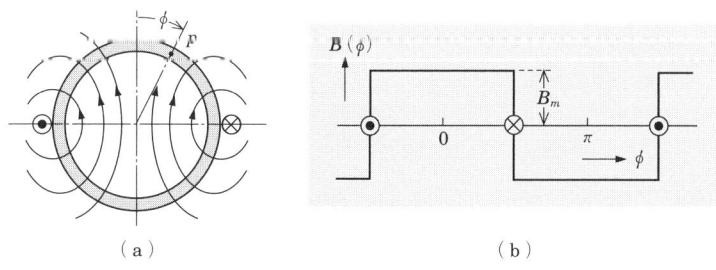

図2・8　1コイルによるギャップの磁束分布

コイル 2-2′ は，N 回巻されているという意）とすれば

$$B_g = \mu_0 H_g = \frac{\mu_0 N i}{2 l_g} \tag{2・20}$$

と記せる．図 2・8 (a) の水平軸より上のギャップでは磁力線が内側から外側に向いており，これを正とすれば，同図 (b) に示すようなギャップ磁束密度分布が得られることは容易に理解できよう．これをふまえて，以下の例題を考えてみよう．

例題 6　図 2・7 に示すモータの固定子にはスロットが 18 ある．いま，図のように N 回巻の 3 個のコイルがスロットに収められており，1-1′→2-2′→3-3′ のように電流 i が流れている．ギャップの磁束密度の分布（**磁束分布**という）を図示せよ．なお，このようなコイルの巻き方を**分布巻**という．

[解答]　スロット 1-1′，2-2′，3-3′ がそれぞれエアギャップにつくる磁束密度は大きさが式 (2・20) で与えられる．各スロットは 20° ずつずれて配置されているので，それぞれがエアギャップにつくる磁束分布を合成したものが，実際にギャップに作られる磁束分布になる（**図 2・9**）．

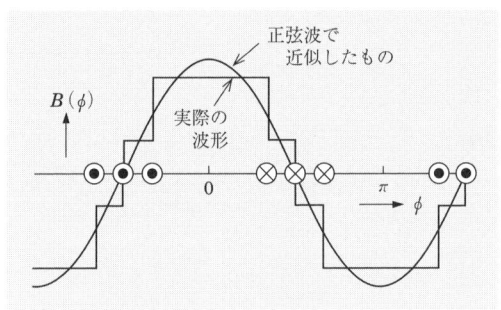

図 2・9　3 個のコイルによるギャップの磁束分布

　例題 6 でもわかるように，固定子に数多くのスロットを設けた分布巻コイルを用いると，ギャップの磁束密度分布を正弦波に近づけることができる．以後の説明では交流モータの固定子のコイルは分布巻で，したがってギャップの磁束密度分布は正弦波状であると考える．

　さて，上記の議論をふまえて，交流モータの巻線の表記法に触れておこう．**図 2・10** (a) は 1 相が 5 個のコイルからなる分布巻の巻線の配置を示したものである．実用上はギャップの磁束分布は正弦波であると仮定してよい．

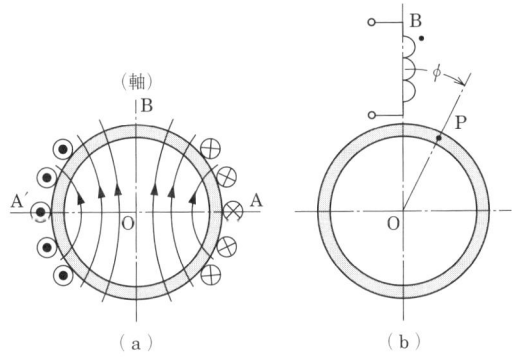

図2・10 交流モータの巻線の表記法

この場合，磁束密度が最大になる位置（図の線分OB）を巻線の**軸**といい，同図(b)のように，この軸上にコイルのシンボルを描く．なお，この図ではコイルが一つであるが，複数の場合には●を付すとわかりやすい．

7 交番磁界と回転磁界について

図2・11では互いに空間的に120°隔たって三つのコイルU，V，Wが配置され，図示のように接続されている．各コイルは同じ導線で，同じ回数だけ巻いているとすると，このような配置とつなぎをもつコイルを**対称三相巻線**，あるいは単に**三相巻線**と呼んでいる．

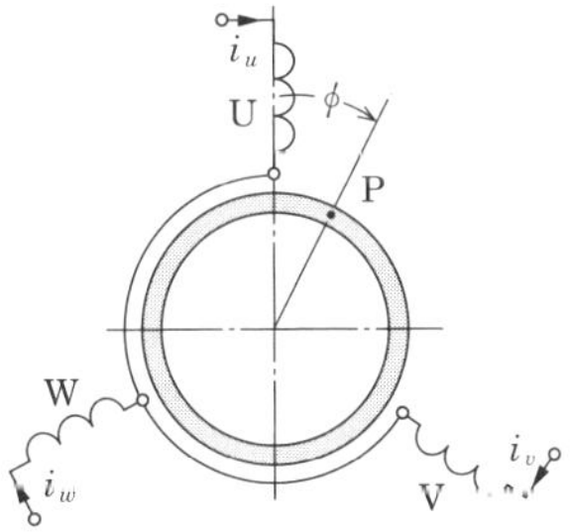

さて，図2・11の三相巻線のU，V，W各相コイルに平衡三相交流（大きさが同じで，互いに位相が$2\pi/3$だけずれた三つの交流）電流，

図2・11 三相巻線

$$\left.\begin{aligned} i_u &= I\cos\omega t \\ i_v &= I\cos(\omega t - 2\pi/3) \\ i_w &= I\cos(\omega t - 4\pi/3) = I\cos(\omega t + 2\pi/3) \end{aligned}\right\} \quad (2\cdot 21)$$

を流したとき，U相巻線軸から角度ϕずれたギャップの任意の点Pでの磁束密度B_gを求めて，その性質を調べてみよう．

まず，コイルUだけに電流 i_u を流した場合を考えよう．いままでの説明と同様，鉄の比透磁率がきわめて大きいために，ギャップの磁束密度だけを考えるとすれば，式 (2·20) 同様，U相巻線軸につくられる磁束密度は電流 i_u に比例し，かつ，正弦波状分布が前提となっているので，図2·11のP点の磁束密度は K を定数として

$$B_u(\phi) = Ki_u \cdot \cos\phi$$
$$= KI \cdot \cos\phi \cdot \cos\omega t \qquad (2 \cdot 22)$$

が得られる．この式からわかるように
1) $\phi = \pi/2, 3\pi/2$ の場所では，時間に無関係に $B_u(\phi) = 0$ である
2) 任意の点の $B_u(\phi)$ はその大きさが±最大値の間を時間に関し正弦波状に変化する（$\phi = 0, \pi$ のところを考えると考えやすい）

という特徴がある．これを**交番磁界**と呼んでいる．

さて，次にU, V, W各相にそれぞれ式 (2·21) の電流を流す場合を考えよう．このとき，V, W相によるP点の磁束密度は式 (2·22) にならって

$$B_v(\phi) = Ki_v \cdot \cos(2\pi/3 - \phi)$$
$$= KI \cdot \cos(2\pi/3 - \phi) \cdot \cos(\omega t - 2\pi/3)$$
$$B_w(\phi) = KI \cdot \cos(4\pi/3 - \phi) \cdot \cos(\omega t + 2\pi/3)$$

と記せるので，結局

$$B(\phi) = B_u(\phi) + B_v(\phi) + B_w(\phi)$$
$$= 3/2 \cdot KI \cdot \cos(\phi - \omega t) \qquad (2 \cdot 23)$$

を得る．**図2·12**は $\omega t = 0$ と $\omega t = \theta_0 (\cong \pi/6)$ のときのギャップの磁束密度分布を示している．$\omega t = 0$ のとき，磁束密度の最大点はU相巻線軸にあるが，時間が

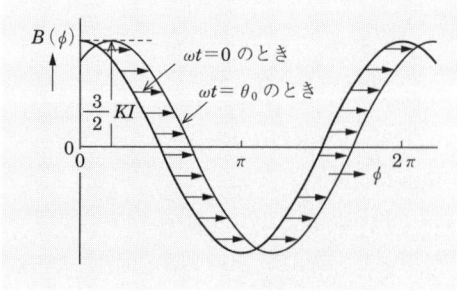

図2·12　回転磁界

θ_0/ω だけ経過すると，$\phi=\theta_0$ の場所に移動している．つまり，大きさ $3KI/2$ を保ちながら磁束密度が最大の位置（磁軸）が角速度 ω で時計方向に回転する磁界——**回転磁界**——を形成する．

回転磁界のイメージは**図2・13**のようにとらえることができる．固定子のN，S極は $3KI/2$ の大きさを保ちながら角速度 ω_0（電源周波数を f [Hz] とするとき，$\omega_0=2\pi f$）で回転する．このとき，回転磁界の角速度 ω_0 を**同期角速度**と呼んでいる．

なお，ここでは回転磁界を数式を用いて説明しているが，5章①では現象論的に図解する方法で説明している．これを参考に数式を追っていけば，理解もより深まることと思う．

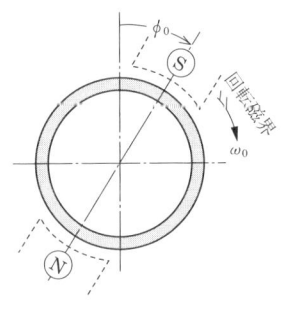

図2・13 回転磁界の説明図

⑧ 回転磁界の速度は何で決まるか

ここまでの説明で，コイルは**図2・14**(a)に示すように固定子に空間的に π だけ隔てたスロットに巻いた構造のものを考えてきた．この場合は同図に示すように固定子にはNとSの2極が形成される．これを2極機，または極対数 $n_p=1$ のモータと呼んでいる．

これに対し，図2・14(b)のようにコイルを巻くと各コイルのつくる磁力線は図示のように分布するので，NとSの4極が形成されることが理解できよう．分布巻を前提にして正弦波状の磁束分布を仮定すると，この場合の磁束分布は**図2・15**に示すようになり，$\phi=0\sim 2\pi$ の間に2サイクル分の正弦波状の磁束分布

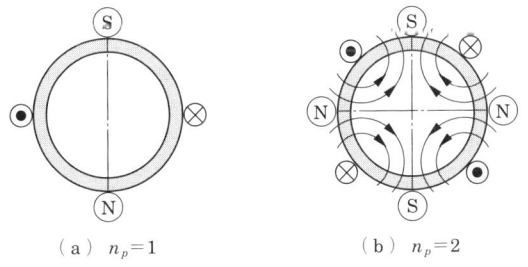

(a) $n_p=1$　　　(b) $n_p=2$

図2・14 2極機と4極機のコイル配置

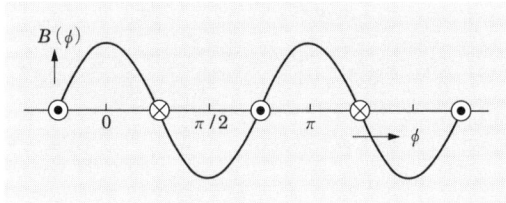

図2・15 4極機のギャップの磁束分布

をもつ回転機—**4極機**または$n_p=2$の機器—になることがわかる．

このようにコイルの巻き方を工夫することにより，実際には極数が$2n_p$の回転機（モータや発電機）が製作されている．

ここで，極対数がn_pの同期角速度ω_0（回転磁界の角速度）を求めよう．

いま，ϕを空間の角度（**機械角**という）とし，巻線Uの軸が$\phi=0$になるようにコイルが巻かれているとする（図2・10参照）．この巻線に電流i_uを流したときのギャップの任意の点Pの磁束密度を$B_u(\phi)$と記すと

$$B_u(\phi) = K i_u \cdot \cos n_p \phi$$

となることは明らかであろう．巻線VとWは，平衡三相の磁束分布を形成するように巻かれるので，P点の磁束密度を$B_v(\phi)$，$B_w(\phi)$とすれば

$$\left.\begin{array}{l} B_v(\phi) = K i_v \cdot \cos(n_p\phi - 2\pi/3) \\ B_w(\phi) = K i_w \cdot \cos(n_p\phi + 2\pi/3) \end{array}\right\} \tag{2・24}$$

と表すことができる．電流$i_u \sim i_w$に式(2・21)の平衡三相交流電流を代入し，ギャップの任意の点Pの合成の磁束密度$B(\phi)$を求めると次のようになる．

$$\begin{aligned} B(\phi) &= B_u(\phi) + B_v(\phi) + B_w(\phi) \\ &= \frac{3}{2} K I \cdot \cos(n_p\phi - \omega t) \end{aligned} \tag{2・25}$$

この式を前の2極機に対する式(2・23)と比べると，ϕが$n_p\phi$に置き換わっているだけであることがわかる．

$B(\phi)$が最大になる角ϕ_0が回転磁界の磁軸であるから，式(2・25)より

$$n_p \phi_0 - \omega t = 0 \longrightarrow \phi_0 = \frac{\omega}{n_p} t \equiv \omega_0 t \tag{2・26}$$

となり，極対数がn_pのモータの同期角速度ω_0は電源角周波数をωとするときω/n_pとなることがわかる．

9 回転磁界で回るモータとは

　先の回転磁界を利用したモータとして，同期モータと誘導モータがある．それぞれの詳細は本書の5，6章で詳しく学ぶが，ここでは回転磁界との関連で簡単な説明を加えておこう．

　同期モータは**図2・16**にその原理の概略を示しているように，固定子の三相巻線に流す平衡三相電流によって，ω_0の速さの回転磁界が形成される．一方，回転子は中・小容量機にあっては永久磁石，大容量機では外部から直流で励磁される電磁石で構成され，その空間的な磁束密度分布は正弦波状になるように工夫されている．

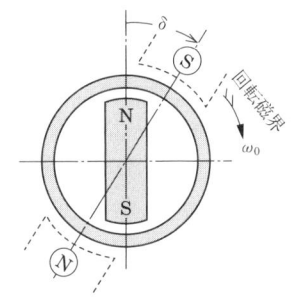

図2・16　同期モータの原理図

　回転子の磁石は固定子のつくる回転磁界に吸引され，回転磁界と同じ速度で回転する．このときのトルクは

$$\tau = \Lambda_0 I \cdot \sin \delta \tag{2・27}$$

　　　Λ_0：回転子磁石の強さで決まる定数
　　　I：回転磁界をつくる三相電流振幅

で与えられる．同期モータは同期速度でしか回転できず，負荷が変化するとδが増減してこれに抗する．トルクの増減はδによって調整される．

　誘導モータの固定子は同期モータと同じであるが，回転子の構造が異なる．**図2・17**は代表的なかご形回転子をもつ誘導モータの構造を示している．

　理解を容易にするため，回転子が静止しているとして，これが回転磁界中にあるときにどのようなトルクが作用するかを考えよう．

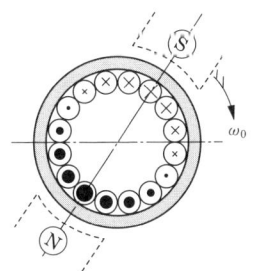

図2・17　誘導モータの原理図

　静止している回転子導体に対し回転磁界が図2・17のように時計方向に回転していくと，回転子導体は相対的に速度$v = R\omega_0$（R：回転子導体の回転半径）で反時計方向に磁界を切ることになるので，フレミングの右手則より

$$e = v \cdot B \cdot l \tag{2・28}$$

　　　l：導体有効長

なる起電力を発生する．回転子導体はエンドリングで短絡されているので，この起電力によって図2・17に示す極性の電源iが流れる．図では●×の大小で電流の大きさを示している．

この電流と回転磁界の間にはフレミングの左手則により電磁力fが発生し，それは

$$f = iBl \tag{2・29}$$

で与えられる大きさをもち，これが回転子をω_0と同方向の時計方向に回転させる力になる．

以上で，$\omega_m = 0$としたときの電磁力の発生を説明したが，この考え方は$\omega_m < \omega_0$の条件下で回転子導体が磁力線を切るかぎり有効である．つまり，誘導モータは$0 < \omega_m < \omega_0$の速度範囲でモータとして動作することができ，この点が同期モータと大きく違う点である．

演習問題

問1 図2・18に示す構造で，U相の自己インダクタンスと相互インダクタンスはどのように与えられるか．ただし，各相のコイル巻数はN，鉄心の透磁率は無限大とする．

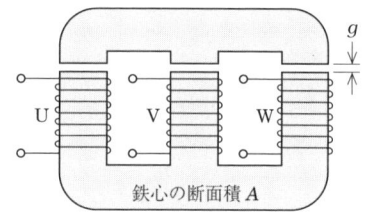

図2・18

問2 図2・19に示す電磁石系で，コイルに一定の電流I〔A〕を供給している．このコイルのインダクタンス$L(x)$と，鉄片に作用する力$f(x)$を求めよ．ただし，鉄の透磁率は無限大とする．

問3 図2・20はファラデーの円板形発電機の原理図である．薄い鋼円板が磁束密度Bの均一磁場中で回転している．円板の直径が$1\,\mathrm{m}$，$B = 0.8\,\mathrm{T}$，回転速度が$1000\,\mathrm{min}^{-1}$のとき，誘導電圧はいくらか．

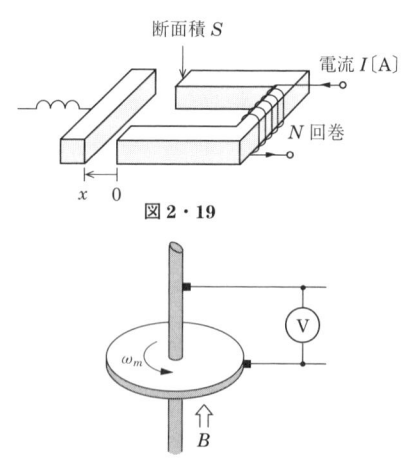

図2・19

図2・20

3章 直流モータはどんなモータか

電気・機械エネルギー変換要素として代表的なモータはDCモータである．DCモータも細かくみると，他励，分巻，直巻，複巻と多種に分類されるが，産業機械，自動車用，OAやAV機器などの代表的な応用現場では他励DCモータが圧倒的に数多く使われている．この章では，以下，他励DCモータをDCモータと呼び，その原理と特性について説明しよう．

① DCモータはどのようにして回転するか

図3·1はDCモータの原理図である．基本的構造は外部の永久磁石でつくられた界磁と，その内側で回転する電機子（図では電機子鉄心を省略している）からなり，電機子には電機子コイルが巻かれ，その始点と終端は電機子と同軸で回転する整流子（C_1, C_2）に機械的に接触しているブラシ（B_1, B_2）を介してモータ端子（P_1, P_2）に接続されている．

図で端子間に外部から直流電源（これを**電機子電圧**という）を接続すると左右のコイルには図示の方向に電流（**電機子電流**）が流れ，フレミングの左手則に従えば右側のコイルには下向き，左側のコイルには上向きの電磁力が作用し，ともに電機子コイルを時計方向に回転させる．ブラシは静止しており，電機子コイルと整流子はともに同軸で回転することに留意すれば，図示の位置から90°回転す

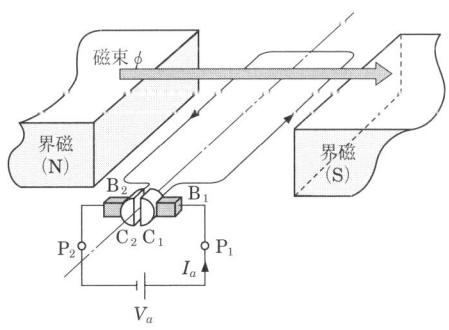

図3·1　DCモータの原理図

ると，ブラシ・整流子ペアがB_1–C_1, B_2–C_2からB_1–C_2, B_2–C_1へ入れ換り，依然として時計方向の電磁力が回転を持続させることが理解できよう．

このようにDCモータでは電機子コイルの位置に応じて，ブラシ・整流子ペアが切り換り，その結果として電機子コイルに流れる電流方向が切り換って回転が接続される．これがDCモータの原理的な特徴であるとともに，後述するように，DCモータの適用限界を与える欠点ともなる．

② 励磁方式と分類

先の説明では界磁は永久磁石で構成されているとした．現在このようなモータは特に **PM**（Permanent Magnetの略）**モータ**と呼ばれ，出力が数Wのものから100kWを超えるものにまで及んでいる．一方，界磁を直流電磁石で構成することが古くから行われており，この場合，界磁と電機子の接続方法により，**図3・2**に示すように他励・分巻・直巻・複巻モータとして分類されてきている．

他励および分巻モータの運転特性は以下の説明どおりであるが，直巻モータや複巻モータについてはその特性を後節で改めて説明することにしよう．

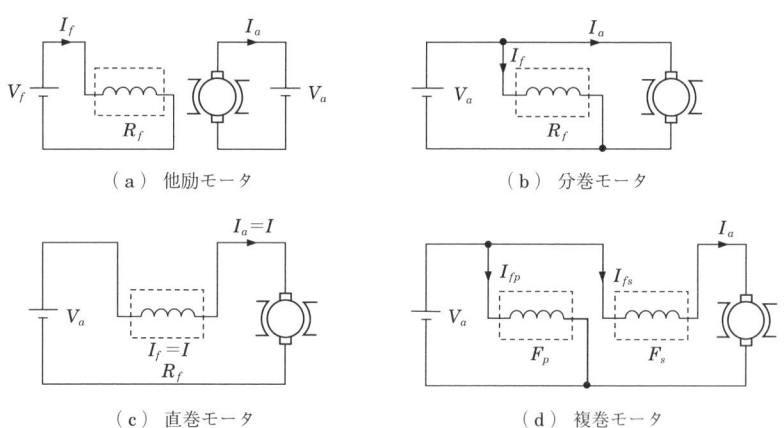

図3・2　界磁と電機子の接続による分類

3 DCモータの性質はどう表せるか

　DCモータの特性を論ずるためには，特に電気的入力と機械的出力の間の関係を明白にするために，その数式モデルを明らかにしておく必要がある．図3·1の電機子コイルに対する電圧方程式を考えるにあたっては，コイルの抵抗R_a〔Ω〕とインダクタンスL_a〔H〕による電圧降下のほかに，コイルが磁束を切って回転することによって生ずる誘導起電力eの和が外部から加わる電機子電圧v_aに等しいとして

$$v_a = R_a i_a + L_a \frac{di_a}{dt} + e \tag{3·1}$$

と記せる．ここで，誘導起電力eについては，フレミングの右手則からコイルの有効長をl〔m〕，コイルの鎖交磁束密度をB〔T〕，移動速度をv〔m/s〕とすると

$$e = v \cdot B \cdot l \text{ 〔V〕} \tag{3·2}$$

と記せる．ここで，図3·1の磁束通路の有効断面積をS〔m²〕，コイルの回転角速度をω_m〔rad/s〕，その直径をD〔m〕とすると

$$\left.\begin{array}{l} v = \omega_m D/2 \\ B = \varPhi/S \end{array}\right\} \tag{3·3}$$

と記せるので，式(3·2)，(3·3)から

$$e = \frac{D\varPhi l}{2S}\omega_m = K_E \cdot \omega_m, \qquad K_E = \frac{D\varPhi l}{2S} \tag{3·4}$$

となる．ここで，eを**速度起電力**，K_E〔V·s/rad〕を**起電力定数**あるいは**誘起電圧定数**と呼んでいる．以上より，電機子回路の等価回路は**図3·3**で与えられ，R_a，L_aをそれぞれ**電機子抵抗**，**電機子インダクタンス**，v_a，i_aをそれぞれ**電機子電圧**，**電機子電流**と呼ぶ．

　一方，前述のように磁束中に置かれて電流を流している電機子コイルには，フ

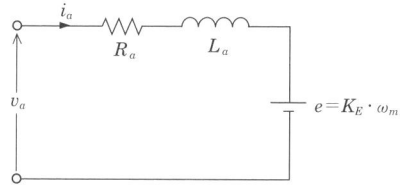

図3·3　DCモータの電機子等価回路

レミングの左手則によって電磁力 f〔N〕が発生し，その大きさは
$$f = i_a B l \tag{3・5}$$
である．したがって，発生トルク τ〔N・m〕は式 (3・3) を用いて
$$\tau = D/2 \cdot f = \frac{D\Phi l}{2S} i_a = K_T \cdot i_a, \quad K_T = \frac{D\Phi l}{2S} \tag{3・6}$$
と記せる．ここで，K_T〔N・m/A〕を特に**トルク定数**と呼んでいる．式 (3・4)，(3・6) から明らかなように，起電力定数とトルク定数は国際単位系のもとでは数値的に同一である．しかし，慣例的に速度は $\min^{-1}$ あるいは rpm，トルクは kg・m，あるいは小型モータでは g・cm が用いられる場合が多く，この場合には単位換算に注意を払う必要がある．

例題1 あるDCモータのカタログに $K_E = 0.017$ V/rpm と記載されていた．このモータに 2.1 kg・cm のトルクを発生させるためには，何Aの電機子電流が必要か．

[解答]
$$K_E = 0.017 \text{ V/rpm} = 0.017 \times \frac{60}{2\pi} \text{ V・s/rad} = 0.162 \text{ V・s/rad}$$
$$= K_T \text{〔N・m/A〕}$$

所望のトルクを得るための電流は
$$I_a = \frac{T\text{〔N・m〕}}{K_T} = \frac{T\text{〔kg・cm〕} \times 9.8 \times 10^{-2}}{K_T} = \frac{2.1 \times 9.8 \times 10^{-2}}{0.162} = 1.27 \text{ A}$$

式 (3・1)，(3・4)，(3・6) はモータの動作状態が定常状態であれ過渡状態であ

小さいモータの場合には

特に小さいモータを対象とする場合には式 (3・1) にさらにブラシとコミュテータ間のブラシ電圧降下 v_b を加えて
$$v_a = R_a i_a + L_a \frac{di_a}{dt} + e + v_b$$
を用い，式 (3・6) で軸受の摩擦トルクに相当する電流 I_0 を加えて
$$\tau = K_T (I_a - I_0)$$
としたほうが，実際の状態をよく表現できる．これは小さいモータでは v_a が低く，また，摩擦トルクが出力トルクに占める割合が大きくなるためである．ちなみに v_b は一般に1ブラシ当り1Vとされるので，2Vとすればよい．I_0 はモータによって異なるので測定が必要である．

れ成立する基本式であるが，特に定常状態に限って特性を考えるときには

$$i_a = I_a, \quad v_a = V_a, \quad \omega_m = \Omega_m, \quad \tau = T \qquad (3\cdot7)$$

のように各変数を時間に変化しない定常値に置き換えて考えればよく，その場合の基本式は

$$V_a = I_a R_a + K_E \Omega_m \qquad (3\cdot8)$$

$$T = K_T I_a \qquad (3\cdot9)$$

と記せることは簡単に理解できよう．

④ DC モータの運転特性は

モータを機械系と電気系のインタフェースと考えれば，機械技術者が要求する速度とトルクの仕様を電気技術者の扱う電圧と電流の仕様に変換することが必要である．前節の式 (3·8)，(3·9) をこの目的で以下のように書き改めよう．

$$\Omega_m = \frac{V_a - I_a R_a}{K_E} \qquad (3\cdot10)$$

$$T = K_T I_a \qquad (3\cdot11)$$

ここで，K_E，K_T，R_a はモータの仕様書に記載されているし，後の例題3のように試験によって求めることもできる．そこで，式 (3·10)，(3·11) をもとに，速度とトルクを電機子電流の関数としてプロットしてみると，**図3·4** (a) のようになる．

あるいは両式から電機子電流を消去して

$$\Omega_m = \frac{V_a - (R_a/K_T)T}{K_E} \qquad (3\cdot12)$$

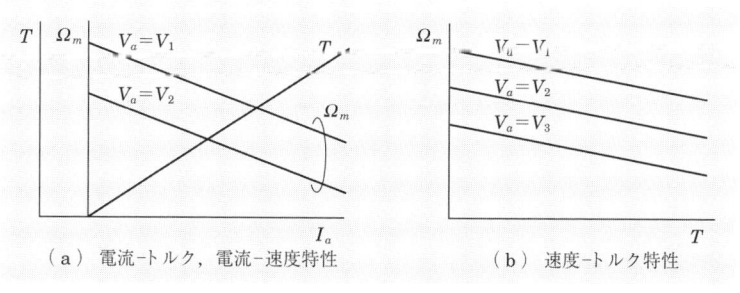

(a) 電流-トルク，電流-速度特性　　(b) 速度-トルク特性

図3·4　DC モータの運転特性

をもとにすれば図3・4(b)に示す速度-トルク特性が得られる．

図3・4を負荷特性という場合もあるが，特にモータが機械系から切り離された状態を**無負荷状態**という．無負荷状態ではモータは軸受のわずかな摩擦トルクに打ち勝つだけのトルクを発生すればよいから $T \simeq 0$ と考えてよく，この場合の速度

$$\Omega_{m0} = V_a / K_E \tag{3・13}$$

を特に**無負荷速度**と呼んでいる．DCモータは無負荷速度が電圧に，トルクが電流に比例するというきわめて簡単な関係をもち，制御則が簡単であるために古くから電気/機械エネルギー変換要素として広く用いられている．

例題2 電機子抵抗 $0.9\ \Omega$，起電力定数 $0.53\ \text{V·s/rad}$ のDCモータが，ある機械を駆動するに際し，機械技術者はモータ軸換算で $980\ \text{min}^{-1}$，$0.8\ \text{N·m}$ の出力を要求してきた．このモータに必要な電圧と電流を求めよ．

[解答] 電流は式(3・11)から

$$I_a = 0.8/0.53 = 1.5\ \text{A}$$

電圧は式(3・8)から

$$V_a = 1.51 \times 0.9 + 0.53 \times 980 \times \frac{2\pi}{60}$$

$$= 55.8\ \text{V}$$

小さいモータの特性は少し違う！

先の囲み記事で説明した小さい容量のモータではブラシ電圧降下 v_b や軸受摩擦トルクの換算電流 I_0 があるため，式(3・10)，(3・11)はそれぞれ

$$\Omega_m = \frac{V_a - I_a R_a - v_b}{K_E}, \qquad T = K_T(I_a - I_0)$$

となるので，図3・4(a)は v_b，I_0 を考慮して図のように改める必要がある．

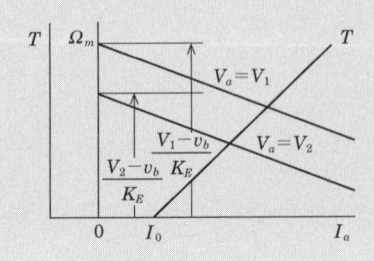

5 速度と効率は負荷によってどう変わるか

　機械が要求するトルクが変化した場合，回転数が大幅に変化することは一般的に好ましくない場合が多い．そこで，無負荷時と定格負荷時の角速度をそれぞれ Ω_{m0}，Ω_{mn} として

$$\varepsilon = \frac{\Omega_{m0} - \Omega_{mn}}{\Omega_{mn}} \times 100 \; [\%] \tag{3・14}$$

で，**速度変動率**が定義されている．

　ここで，**定格**あるいは**定格出力**とは電気機器に保証される出力の限界についての規定であって，定格出力時の電圧，電流（交流機ではこれに加えて周波数），回転数をそれぞれ**定格電圧**，**定格電流**，**定格回転数**などという．定格には機器の使用条件によって，連続定格，短時間定格，反復定格，公称定格などがあるが，普通に定格という場合は機器の温度上昇が一定値となる時間以上に連続使用する場合の「連続定格」を指し，通常，この値は機器の銘板に記載されている．

例題3　あるDCモータについて無負荷状態で定格電圧100Vを印加したところ，回転数は $1\,700\,\text{min}^{-1}$ であった．また，回転子を拘束して定格電流8.5Aを流したときの印加電圧は7.2Vであった．このモータの速度変動率を求めよ．

[解答]　速度変動率を求めるためには，定格速度を式(3・10)で求めなければならない．そのためには，R_a と K_E の値が必要となる．

無負荷速度の式(3・13)から起電力定数 K_E については

$$K_E = \frac{V_a}{\Omega_{m0}} = \frac{100}{1\,700 \times 2\pi/60} = 0.562 \; \text{V·s/rad}$$

一方，回転子をロックした状態では式(3・8)で $\Omega_m = 0$ として

$$V_a = I_a R_a \quad \therefore \quad R_a = V_a/I_a = 7.2/8.5 = 0.847 \; \Omega$$

定格速度 Ω_{mn} は式(3・10)で定格値を用いて

$$\Omega_{mn} = \frac{V_{an} - I_{an} R_a}{K_E} = \frac{100 - 8.5 \times 0.847}{0.562} = 165 \; \text{rad/s}$$

したがって，速度変動率は式(3・14)から

$$\varepsilon = \frac{178 - 165}{165} \times 100 = 7.9 \, \%$$

一般に効率 η はモータの性能の重要な目安となるが、モータの入力を P_i〔W〕、出力を P_o〔W〕とするとき

$$\eta = \frac{P_o}{P_i} \times 100 \,\text{〔\%〕} \tag{3・15}$$

で定義される。いま、式 (3·8) の両辺に I_a を乗じると

$$I_a V_a = I_a^2 R_a + I_a K_E \Omega_m \tag{3・16}$$

が得られる。上式の左辺はモータの電気的入力であり、右辺第1項は電機子抵抗による**銅損**である。また、右辺第2項については、すでに説明したように、$K_E = K_T$ であることに留意すれば、次式のように変形できる。

$$I_a \cdot K_E \Omega_m = K_E I_a \cdot \Omega_m = K_T I_a \cdot \Omega_m = T \Omega_m \tag{3・17}$$

これはモータの機械的出力を電気的出力として表現していることにほかならない。

さて、実際のモータでは式 (3·16) の銅損のほかに、鉄心中の磁束変化によって生ずる**鉄損**や軸受摩擦損などによる**機械損**などが存在する。しかし、これらの損失はモータの電機子電流の大小には関係しないので、機械的な負荷の変動に対してはほぼ一定の値をもっているとして扱うことができ、固定損 P_c としてまとめて考えることができる。これに対して銅損は負荷の変動に伴ってトルクが変化すると大きく変化することになるので、**負荷損**と呼ばれている。

式 (3·15)〜(3·17) と上記の説明を加味して、DCモータの入力から出力までのパワーの流れを示すパワーフローは**図3·5**のように与えられる。

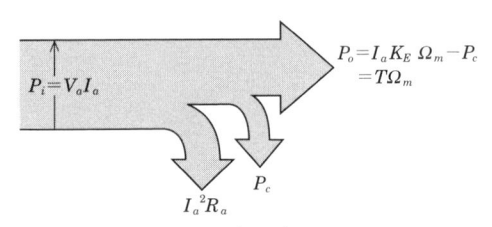

図 3・5　DCモータのパワーフロー

⑥ 最大効率で運転するには

図3·5のパワーフローからもわかるように、損失は負荷の大小によって変わる銅損とそれには無関係な固定損に分けられる。では、いったいどのような負荷条

件で効率は最大となり，その最大効率は何によって決まるのであろうか．

式(3・15)と図3・5から効率 η は

$$\eta = \frac{V_a I_a - I_a^2 R_a - P_c}{V_a I_a} \times 100 \,[\%]$$

$$= \left\{1 - \left(\frac{I_a R_a}{V_a} + \frac{P_c}{V_a I_a}\right)\right\} \times 100 \,[\%]$$

$$= \left[1 - \left\{\left(\sqrt{\frac{I_a R_a}{V_a}} - \sqrt{\frac{P_c}{V_a I_a}}\right)^2 + 2\frac{\sqrt{R_a P_c}}{V_a}\right\}\right] \times 100 \,[\%] \quad (3 \cdot 18)$$

と変形できるので，最大効率を実現する条件は

$$\sqrt{\frac{I_a R_a}{V_a}} - \sqrt{\frac{P_c}{V_a I_a}} = 0, \qquad I_a^2 R_a = P_c \quad (3 \cdot 19)$$

で，そのときの最大効率 η_{max} は

$$\eta_{max} = \left(1 - 2\frac{\sqrt{R_a P_c}}{V_a}\right) \times 100 \,[\%] \quad (3 \cdot 20)$$

となる．すなわち，効率を高めるためには電機子抵抗と固定損を抑制し，モータ端子電圧を高く設定することが有利であることが理解できよう．

7 モータの結線で特性はどう変わるか

ここまでの結論は他励DCモータ，あるいはPMモータについての説明であったが，3章②で触れた励磁方式の違いによるDCモータの運転特性の相違について，簡単に説明を加えておこう．

図3・1の原理図で界磁が巻線抵抗 R_f をもつ N_f 回巻コイルの電磁石で構成されているとし，これに界磁電圧 V_f が印加されて界磁電流 I_f が流れ，結果的に図3・1の磁束 ϕ が確立されているとしよう．このとき，電磁気学の教えるところにより磁気回路の飽和による非線形性を無視して考えると，式(3・2)，(3・3)で

$$B \propto N_f I_f \quad (3 \cdot 21)$$

と記せるため，K_0 を定数として式(3・4)の起電力定数と式(3・6)のトルク定数をそれぞれ

$$K_E = K_0 I_f, \qquad K_T = K_0 I_f \quad (3 \cdot 22)$$

とすることができる．そこで，図3・2をもとに式(3・10)，(3・11)，(3・22)を用いて個々のつなぎによる特性の違いを考えてみよう．

[1] 分巻モータ

分巻モータの接続は**図3·6**に示すとおりであり，界磁電流I_fが

$$I_f = V_a/R_f \tag{3·23}$$

となるので，式 (3·10)，(3·11) より

$$\Omega_m = \frac{V_a - I_a R_a}{K_0 I_f}, \qquad T = K_0 I_f \cdot I_a \tag{3·24}$$

となる．界磁電流を一定に保つかぎりは，先に説明した他励モータと変わるところはない．界磁電流を外部的に調整すれば，図3·4 (a) のTおよびΩ_mの勾配を変えることができ，電機子制御に対し，**界磁制御**といういい方をする．

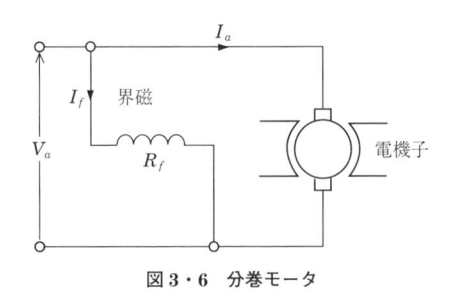

図3·6 分巻モータ

[2] 直巻モータ

直巻モータの接続を示す**図3·7**から

$$I_f = I_a \tag{3·25}$$

であり，かつ，電機子抵抗R_aと界磁抵抗R_fが直列になるので，速度およびトルクは

$$\Omega_m = \frac{V_a - (R_a + R_f) I_a}{K_0 I_a}, \qquad T = K_0 I_a^2 \tag{3·26}$$

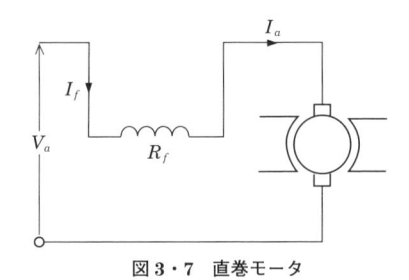

図3·7 直巻モータ

と記せ，電機子電流に対し**図3·8**に示す特性を呈する．図3·8のような速度の低い範囲ではトルクが大で，逆に速度が高いとトルクが小さい特性を**直巻特性**と呼び，他励モータや分巻モータのようにトルクの大小に対して速度が大きく変化しない分巻特性と区別している．

なお，直巻特性は車両駆動に適するとされているが，無負荷になると（$I_a=0$）速度が高くなりすぎて事故となるため，ギア架けなどの方法で無負荷状態をさける工夫が必要である．

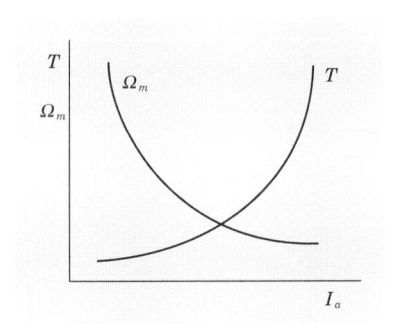

図3·8　直巻特性

[3] 複巻モータ

複巻モータでは界磁が2分され，**図3·9**に示すようにその一部が分巻界磁として，他が直巻界磁として接続される．図3·9は分巻界磁が直巻界磁の外側にあるいわゆる「外分巻」であるが，以下，これを用いて説明を続けよう．

この場合，分巻界磁と直巻界磁で磁束が互いに加え合わせになるか，差となるかによって，和動複巻と差動複巻があり，結果的に

$$K_E = (K_1 I_f \pm K_2 I_a) \quad +/- : 和動/差動$$

となるので，速度とトルクは

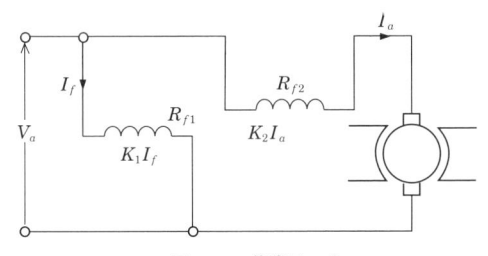

図3·9　複巻モータ

$$\varOmega_m = \frac{V_a - (R_{f2} + R_a)I_a}{K_1 I_f \pm K_2 I_a}, \qquad T = (K_1 I_f \pm K_2 I_a)I_a \qquad (3\cdot 27)$$

となる.したがって,分巻界磁と直巻界磁の大小によって特性は分巻特性と直巻特性の中間を示すことになる.

なお,差動複巻モータは,始動時などに I_a が過大となると式 (3·27) からもわかるようにトルクの極性が反転することがあり,好ましくないので多用されてはいない.

⑧ 素早い動作の実現のために

ロボットや多くの生産設備で用いられるモータには**可逆運転**(正転,逆転を繰り返す運転)が必要で,しかも,速度の立上りや立下りの早いことが要求される.

このような要求に合うモータを検討するためには,いままで扱ってきたような定常状態での特性の議論だけでは不十分であり,以下のような動的挙動に対する考察が必要となる.

いま,DCモータの電機子インダクタンスは小さいとして無視すれば式 (3·1),(3·4) からDCモータの電気系について

$$v_a = R_a i_a + K_E \omega_m \qquad (3\cdot 28)$$

が得られる.一方,無負荷のDCモータを考えてその慣性モーメントを J とすると,機械系に関して

$$J \frac{d\omega_m}{dt} = K_T i_a \qquad (3\cdot 29)$$

が得られる.式 (3·29) を変形後に積分して得られる

$$\omega_m = \frac{K_T}{J} \int i_a dt \qquad (3\cdot 30)$$

を式 (3·28) に代入すると

$$v_a = R_a i_a + \frac{K_E K_T}{J} \int i_a \cdot dt \qquad (3\cdot 31)$$

の関係が得られ,ここで,DCモータの等価キャパシタンス C_a を

$$C_a = \frac{J}{K_E K_T} \qquad (3\cdot 32)$$

と定義すると,式 (3·31) はよく知られた R–C 直列回路の電圧方程式 (3·33) と

8 素早い動作の実現のために

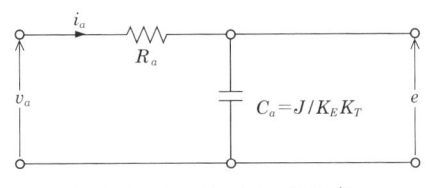

図3・10 DCモータの等価モデル

同じになり，**図3・10**の回路を考えることができる．

$$v_a = R_a i_a + \frac{1}{C_a}\int i_a \cdot dt \tag{3・33}$$

例題4 図3・10でC_aの両端の電圧eの物理的意味を考えよ．

［解答］

$$e = \frac{1}{C_a}\int i_a \cdot dt = K_E \frac{K_T}{J}\int i_a \cdot dt$$
$$= K_E \omega_m \quad (誘導起電力)$$

例題4からわかることは，図3・10のDCモータの等価モデルを用いると，あらゆる運転状態を次のようにまとめて扱うことができる．

1. 停止中のモータ：$e = 0$
2. 加速中のモータ：C_aの充電
3. 定速時のモータ：$e = E$ (const)
4. 減速中のモータ：C_aの放電
5. 逆転するモータ：$e < 0$

例題5 停止しているDCモータに$t = 0$で$v_a = V_a$（一定）を印加した後のモータの電流i_aとモータの速度ω_mの変化を示せ．

［解答］ 図3・10で$v_a = V_a$のもとで

$$V_a = R_a i_a + \frac{1}{C_a}\int i_a dt \quad (ただし，t = 0で i_a = 0, e = 0)$$

を解いてi_aが得られ，これをもとにコンデンサ電圧を求めれば速度起電力，すなわち速度が求まる．

ラプラス変換によって

$$I_a(s) = \frac{V_a}{R_a}\cdot\frac{1}{s + 1/C_a R_a}, \quad E(s) = \frac{1}{sC_a}I_a(s)$$

より

$$i_a = \frac{V_a}{R}\exp\left(-\frac{t}{C_a R_a}\right), \quad \omega_m = \frac{V_a}{K_E}\left\{1-\exp\left(-\frac{t}{C_a R_a}\right)\right\}$$

なお，電流と速度の応答は**図3・11**のようになる．

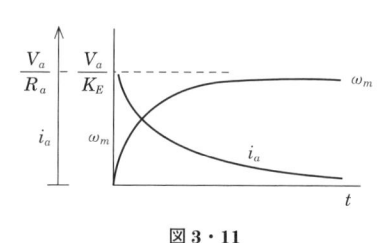

図3・11

さて，上記の議論や2章の例題5からDCモータの時定数 τ は

$$\tau = R_a C_a = \frac{J R_a}{K_E K_T} \tag{3・34}$$

で与えられるから，素早い動作が行える．いい換えれば時定数の短いモータを作るためには

1) 慣性モーメント J を小さく
2) 電機子抵抗 R_a を小さく
3) 起電力係数（トルク定数）を大きく

すればよいことがわかる．実際には高速応答が望まれるサーボモータでは電機子重量を軽くし，かつ，その半径を小さくとるとともに，高性能永久磁石を用いて大きい磁束を得て，時定数の短いモータを実現させている．

⑨ DCモータの省エネ加減速とは

先の3章⑧の議論をもとに，モータ始動時の電力とモータ内部での銅損を検討し，省エネ運転の可能性を調べてみよう．

例題5のように当初から全電圧をモータに印加する場合の電源の電力 W_S とモータの銅損 W_R はそれぞれ

$$W_S = \int_0^\infty V_a \cdot i_a \cdot dt = C_a V_a^2 \tag{3・35}$$

$$W_R = \int_0^\infty i_a^2 \cdot R_a \cdot dt = \frac{1}{2} C_a V_a^2 \tag{3・36}$$

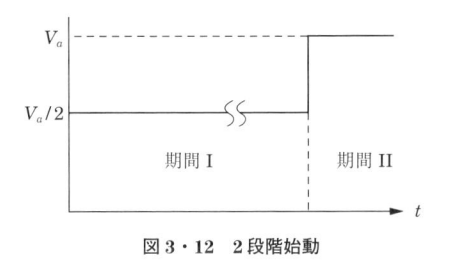

図3・12　2段階始動

となる．一方，**図3・12**に示すように当初，期間Iで$V_a/2$を印加し，次いで，期間IIで全電圧V_aを印加する場合を考えると，簡単な計算から期間I，IIの電流i_{aI}，i_{aII}は

$$i_{aI} = i_{aII} = \frac{V_a}{2R_a} \cdot \varepsilon^{-t/C_a R_a} \tag{3・37}$$

を得られるので，このときの電源電力W_S'とモータの銅損W_R'は，

$$W_S' = \int_0^\infty (V_a/2) \cdot i_{aI} \cdot dt + \int_0^\infty V_a \cdot i_{aII} \cdot dt$$
$$= \frac{3}{4} C_a V_a^2 \tag{3・38}$$

$$W_R' = \int_0^\infty i_{aI}^2 \cdot R_a dt + \int_0^\infty i_{aII}^2 \cdot R_a dt$$
$$= \frac{1}{4} C_a V_a^2 \tag{3・39}$$

となり，消費電力が25％軽減され，モータの銅損は50％になる．このような理由から，モータの加速時には印加電圧をなめらかにかけるような工夫がなされている．

⑩ エレクトロニクスでDCモータを制御するには

先の例題2あるいは，式(3・12)から明らかなように，機械が要求するトルクと速度に応じて，モータに加える電圧や電流を調整（制御）してやる必要がある．一般に直流の電源電圧は一定であるから，**図3・13**に示すように一定の電源電圧から可変の直流電圧を取り出すパワーインタフェースが必要である．

この目的に用いられるのが**チョッパ**である．**図3・14**はチョッパの原理を示す図で，話を簡単にするために負荷はDCモータの代りに抵抗R_Lで示している．こ

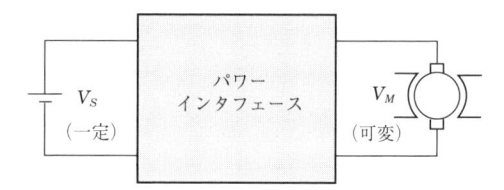

図 3・13 DC モータのパワーインタフェース

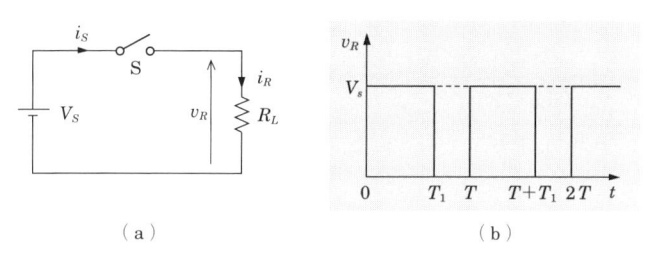

図 3・14 チョッパ回路と原理

こで，スイッチSを周期T秒ごとにT_1秒間はオンとし，$T-T_1$秒間はオフにするとき，負荷の端子電圧v_Rは同図 (b) のようになる．ここで，v_Rの平均値V_Rは

$$V_R = \frac{1}{T}\int_0^T v_R dt = \frac{T_1}{T} V_S \tag{3・40}$$

と記せる．ここで

$$\alpha = \frac{T_1}{T} \quad (0 \leq \alpha \leq 1) \tag{3・41}$$

をチョッパの**デューティファクタ**，あるいは**通流率**と呼んでいる．式 (3・40) によれば，オン時間T_1を調整することによって$0 \sim V_S$の間の任意の直流電圧を得ることができる．

図3・14からも明らかなように電流については

$$i_S = i_R = \frac{V_R}{R_L} \tag{3・42}$$

であるから，電源から流出する電力P_Sは

$$P_S = \frac{1}{T}\int_0^T V_S \cdot i_S dt = \frac{\alpha V_S^2}{R_L} \tag{3・43}$$

一方，負荷の消費電力P_Rは

$$P_R = \frac{1}{R_L}\int_0^T i_R^2 \cdot R_L dt = \frac{\alpha V_S^2}{R_L} \tag{3・44}$$

となり，スイッチSにおける電圧降下が無視できる場合はチョッパの電力変換効率$\eta = (P_R/P_S) \times 100$は100％で，きわめて効率の良い制御が実現できる．このこ

とは，スイッチS部における電力損失がないことを意味し，熱発生がないので小さな半導体素子をスイッチに用いて容量の大きいDCモータの制御が可能になる．

11 正/逆運転を実現させる可逆運転用チョッパ

すでに述べたように，多くのモータの応用では可逆運転，すなわち，正/逆転が必須である．このためには式(3・13)からもわかるように，モータ印加電圧を$-V_S \leq V_a \leq V_S$の範囲で制御することが必要である．

図3・15に示す回路はこのような目的にかなうチョッパであって，**四象限チョッパ**あるいは**ブリッジチョッパ**と呼ばれている．この回路の動作は図3・16に示すとおりで，S_1をオンした状態で，S_3，S_4をオン，オフさせれば式(3・40)によって正の負荷電圧が制御され，S_2をオンにした状態でS_3，S_4をオン，オフすると

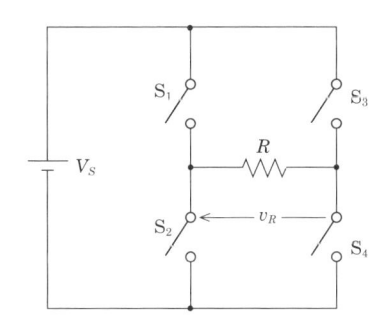

図3・15 DCモータ可逆運転用チョッパ

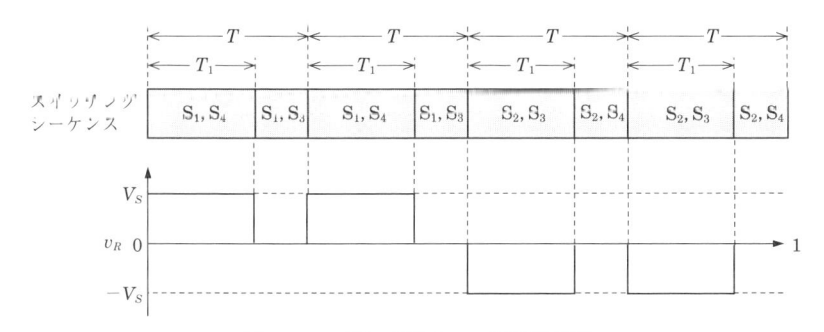

図3・16 ブリッジ形チョッパの動作波形

同様に負の負荷電圧が制御される．S_1，S_2によって負荷電圧の極性が決まり，S_3，S_4のオン，オフによって負荷電圧の大きさが制御できる．

例題6 図3·15のチョッパで各スイッチはオン状態でV_{SW}の電圧降下があるとしよう．このとき，チョッパの電力変換効率はどのようになるか．

[解答] たとえば図3·16のS_1，S_4とS_1，S_3のスイッチングペアを考えると$0<t<T_1$，$T_1<t<T$の各期間の回路の接続は図3·17 (a)，(b) のようになる．

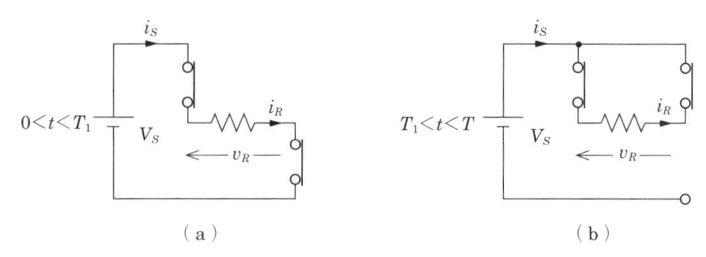

図3·17

$0<t<T$の期間では

$$i_S = i_R = \frac{V_S - 2V_{SW}}{R}$$

$$V_R = V_S - 2V_{SW}$$

$T_1<t<T$の期間では

$$i_S = 0, \quad i_R = 0$$

$$V_R = 0$$

電源と負荷の電力をそれぞれP_S，P_Rとすると

$$P_S = \frac{1}{T}\int_0^T V_S \cdot i_S dt = \frac{V_S}{T}\int_0^{T_1} i_S dt = \frac{V_S(V_S - 2V_{SW})}{R} \cdot \frac{T_1}{T}$$

$$P_R = \frac{1}{T}\int_0^T V_R \cdot i_R dt = \frac{(V_S - 2V_{SW})^2}{R} \cdot \frac{T_1}{T}$$

よって電力変換効率ηは

$$\eta = \frac{P_R}{P_S} \times 100 = \left(1 - 2\frac{V_{SW}}{V_S}\right) \times 100 \text{〔\%〕}$$

となり，スイッチSのオン状態での電圧降下が効率と密接な関係をもつ．

演習問題

問1 銘板に定格電圧100 V，定格電流6.5 A，定格速度1 753 min^{-1}と記載されているPMモータがある．定格電圧のもとでの無負荷速度が1 800 min^{-1}であるとき，このモータの電機子抵抗R_aは何Ωか．また，定格電流のもとで，回転数を1 215 min^{-1}とするために必要な電機子電圧V_aは何Vか．

問2 定格電圧100 V印加時の無負荷速度が1 800 min^{-1}，電機子抵抗が1.2 Ω，固定損が21 WのPMモータについて，8 Aの電機子電流をとるときの速度を1 000 min^{-1}とするための電機子電圧V_aを求めよ．また，このときの効率ηを求めよ．

問3 ある制御用PMモータの電機子抵抗が$R_a = 0.45$ Ω，誘起電圧定数が$K_E = 2.23 \times 10^{-2}$ V·s/rad，慣性モーメントが$J = 0.86 \times 10^{-6}$ kg·m^{2}である．このモータの等価キャパシタンスCと等価時定数τを求めよ．

問4 定格電圧V_n，定格電機子電流I_n，定格速度W_{mn}，電機子抵抗R_aのPMモータについて，定格トルクを出しつつ速度を定格の半分にするための電機子電圧V'と，定格トルクの半分のトルクで定格速度を出すための電機子電圧V''を与えられた記号を用いて示せ．

4章 変圧器はどんな働きをするか

　交流電圧の大きさを変え、電気的な絶縁をする機器として変圧器が広く使用されている。変圧器は、電力会社の変電所における変電設備や、電気炉、電気溶接などのように低圧大電流を必要とする機器に対してなくてはならないものである。本章では、この変圧器のしくみ、働きについて調べてみよう。

① 変圧器とは

　変圧器とは文字どおり、交流電圧の大きさを変える機器である。たとえば、電力会社が供給する電圧は、電柱などの配電系統では交流 6 600 V であるが、これを家庭用の 100 V に変換するために柱上変圧器が使用されている。電柱に柱上変圧器が載っているので注意してみよう。

　図 4·1 は、変圧器のしくみで、鉄心に巻数 N_1, N_2 の二つの巻線が巻かれており、電源側を**一次巻線**、負荷側を**二次巻線**と呼び、通常添字 1、2 で区別される。このとき、一次電圧 v_1 により一次電流 i_1 が流れ、鉄心内に磁束をつくる。この磁束の大部分が二次巻線に交わり、この磁束の時間的変化を妨げるように二次電圧 v_2 が発生し、二次電流 i_2 が流れる。このとき、鉄心内の磁束は、一次、二次巻線双方に交わる有効磁束 ϕ_m と、一次巻線、二次巻線のみにそれぞれ交わる**一次漏れ磁束** ϕ_{l1}、**二次漏れ磁束** ϕ_{l2} とからなる。有効磁束 ϕ_m と一次漏れ磁束 ϕ_{l1} を併せ

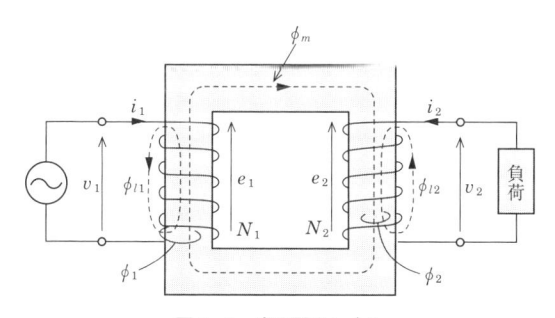

図 4·1　変圧器のしくみ

て**一次磁束** ϕ_1 と呼び，また，有効磁束 ϕ_m と二次漏れ磁束 ϕ_{l2} を併せて**二次磁束** ϕ_2 と呼ぶ．有効磁束 ϕ_m の時間変化によって，一次巻線，二次巻線に誘導される誘導起電力がそれぞれ e_1, e_2 である．このように磁気的に結合された二つのコイルによって電気エネルギーを伝達する機器を**変圧器**といい，図記号は図2・1 (b) に示したように二つのコイルを用いて表す．

② 密結合変圧器のインダクタンスを導こう

　変圧器のしくみを理解するために，図4・1において漏れ磁束 ϕ_{l1}, ϕ_{l2} がない密結合変圧器について考え，さらに，説明の簡単化のために巻線の抵抗成分を無視する．この密結合変圧器の一次，二次誘導起電力 e_1, e_2 は，有効磁束 ϕ_m の時間変化により一次，二次巻線にそれぞれ誘導され，また，これらは一次，二次電圧 v_1, v_2 に等しく

$$\left. \begin{array}{l} e_1 = N_1 \dfrac{d\phi_m}{dt} \ (= v_1) \\[2mm] e_2 = N_2 \dfrac{d\phi_m}{dt} \ (= v_2) \end{array} \right\} \tag{4・1}$$

と表される．式 (4・1) より一次，二次誘導起電力 e_1, e_2 の比は

$$\frac{e_1}{e_2} = \frac{N_1}{N_2} = a \tag{4・2}$$

と得られ，巻数比 a に比例する．したがって，一次電圧に対する二次電圧の大きさは巻数比 a により決まる．

　すでに2章①で説明したように，一次，二次誘導起電力 e_1, e_2 と一次，二次電流 i_1, i_2 との関係は，密結合変圧器の一次，二次有効インダクタンス L_{01}, L_{02} および相互インダクタンス M を用い，式 (2・5) にならって次式で与えられる．

$$\left. \begin{array}{l} e_1 = L_{01} \dfrac{di_1}{dt} + M \dfrac{di_2}{dt} \\[2mm] e_2 = M \dfrac{di_1}{dt} + L_{02} \dfrac{di_2}{dt} \end{array} \right\} \tag{4・3}$$

　密結合変圧器の有効インダクタンスや相互インダクタンスを鉄心の形状や巻線の巻数を用いて導出しよう．

　図 4・2 は，二次側を開放して二次電流 i_2 を 0 とした状態の**密結合変圧器**である．

図 4・2　密結合変圧器

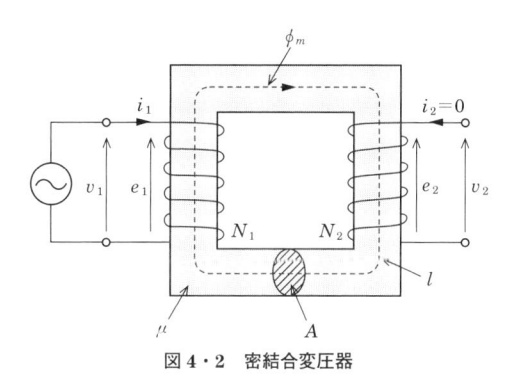

一次電流 i_1 によって磁路の長さ l の鉄心中に生じる磁界の強さ H は，アンペアの周回積分の法則により

$$H = \frac{N_1 i_1}{l} \tag{4・4}$$

と記せる．そこで，起電力に関与する有効磁束 ϕ_m は，鉄心中の磁束密度 B，鉄心の透磁率 μ，鉄心の断面積 A を用いて

$$\phi_m = AB = A\mu H = \frac{\mu A N_1 i_1}{l} \tag{4・5}$$

と得られる．式 (4・1) の関係からこの有効磁束 ϕ_m の時間的変化を妨げるように，一次巻線に誘導起電力 e_1

$$e_1 = N_1 \frac{d\phi_m}{dt} = \frac{\mu A N_1^2}{l} \cdot \frac{di_1}{dt} \tag{4・6}$$

が誘導される．このように一次電流 i_1 により一次巻線に誘導起電力が誘導される現象を**自己誘導**と呼び，また，i_1 のように鉄心内で有効磁束を発生する電流を**励磁電流**と呼ぶ．式 (4・6) と二次電流 i_2 を 0 とした式 (4・3) との比較により一次有効インダクタンス L_{01} が

$$L_{01} = \frac{\mu A N_1^2}{l} \tag{4・7}$$

と導かれる．

一方，式 (4・5) の有効磁束 ϕ_m により二次巻線にも誘導起電力 e_2 が

$$e_2 = N_2 \frac{d\phi_m}{dt} = \frac{\mu A N_1 N_2}{l} \cdot \frac{di_1}{dt} \tag{4・8}$$

と発生する．このように一次電流 i_1 により二次巻線に誘導起電力が誘導される現

象を**相互誘導**と呼ぶ．式 (4・8) と二次電流 i_2 を 0 とした式 (4・3) との比較により一次巻線から二次巻線への相互インダクタンス M が

$$M = \frac{\mu A N_1 N_2}{l} \tag{4・9}$$

と導かれる．

例題1 図 **4・3** に示す巻線抵抗を無視した密結合変圧器において，二次巻線に二次電圧 v_2 を与え，一次巻線を開放した回路から二次有効インダクタンス L_{02}，相互インダクタンス M を求めよ．

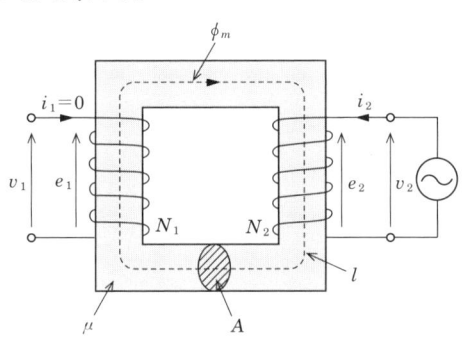

図 4・3 二次側に電源を接続した密結合変圧器

[解答] 二次電流 i_2 による有効磁束 ϕ_m，二次誘導起電力 e_2，二次有効インダクタンス L_{02} はそれぞれ式 (4・5) ～ (4・7) と同様にして

$$\phi_m = \frac{\mu A N_2 i_2}{l}, \quad e_2 = N_2 \frac{d\phi_m}{dt} = \frac{\mu A N_2^2}{l} \cdot \frac{di_2}{dt}$$

$$L_{02} = \frac{\mu A N_2^2}{l} \tag{4・10}$$

と得られる．また，一次誘導起電力 e_1 は

$$e_1 = N_1 \frac{d\phi_m}{dt} = \frac{\mu A N_1 N_2}{l} \cdot \frac{di_2}{dt}$$

と記せ，二次巻線から一次巻線への相互インダクタンス M は，式 (4・9) と同様に次式で得られる．

$$M = \frac{\mu A N_1 N_2}{l}$$

密結合変圧器の有効インダクタンスと相互インダクタンスとの相互関係を，式

(4・7), (4・9), (4・10) を用いてまとめると次式の関係が得られる.

$$L_{01} = a^2 L_{02} = aM \quad (M = \sqrt{L_{01}L_{02}}) \tag{4・11}$$

③ 密結合変圧器の等価回路を導こう

図4・4(a) は密結合変圧器の二次側に負荷として$R-L-C$の直列回路を接続したものである.この回路で一次電流i_1を求めようとすると,変圧器の誘導起電力e_1, e_2が異なるために簡単に計算できない.そこで,同図 (b) のように二次側誘導起電力e_2を一次側誘導起電力e_1に等しく変換し,また,二次側直列回路$R-L-C$を一次側直列回路$R'-L'-C'$へ等価的に置き換えることができたならば,一次電流i_1は簡単に計算できる.このような置換えをするための密結合変圧器の等価回路と負荷のR', L', C'がどのように表せるかを導こう.

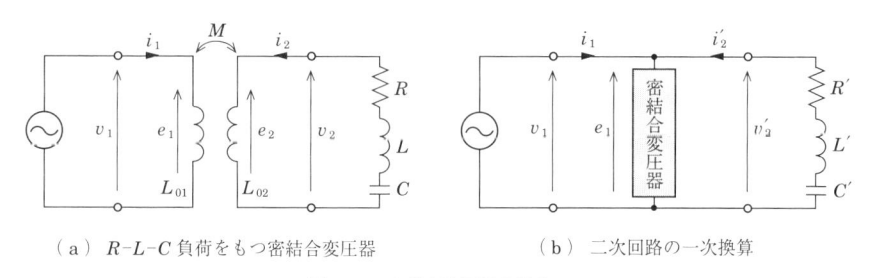

(a) $R-L-C$負荷をもつ密結合変圧器　　　(b) 二次回路の一次換算

図4・4 密結合変圧器の接続

図4・4 (a) の密結合変圧器において,一次,二次巻線誘導起電力e_1, e_2は

$$\left. \begin{array}{l} e_1 = L_{01} \dfrac{di_1}{dt} + M \dfrac{di_2}{dt} \\[6pt] e_2 = M \dfrac{di_1}{dt} + L_{02} \dfrac{di_2}{dt} \end{array} \right\} \tag{4・12}$$

と記せる.これらの式において,式 (4・11) 式を用いて有効インダクタンスL_{01}, L_{02}を相互インダクタンスMに書き換え,さらに式 (4・2) を用いてe_2をe_1に書き換えると

$$\left. \begin{array}{l} e_1 = aM \dfrac{d}{dt}\left(i_1 + \dfrac{1}{a} i_2\right) \\[6pt] e_1 = ae_2 = aM \dfrac{d}{dt}\left(i_1 + \dfrac{1}{a} i_2\right) \end{array} \right\} \tag{4・13}$$

が得られる．式 (4·13) から明らかなように二つの式は同じ式となり，密結合変圧器はインダクタンスaMで表され，その等価回路は**図4·5**の波線で囲まれた形で書ける．この図より二次誘導起電力e_2は一次起電力e_1に等しいae_2へ変換され，この変換に伴って二次電流i_2は$i_2'=i_2/a$に変換されていることがわかる．

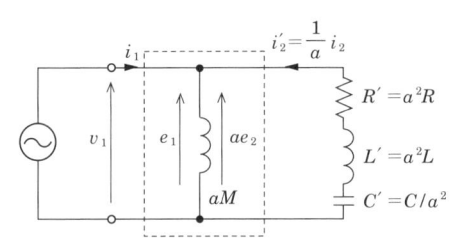

図4·5 密結合変圧器の等価回路

図4·4(a) において負荷R，L，Cを含めた二次側回路で電圧方程式

$$e_2 = -Ri_2 - L\frac{di_2}{dt} - \frac{1}{C}\int i_2 dt \tag{4·14}$$

が成り立つ．式 (4·14) で密結合変圧器に施したのと同様にe_2を$e_1(=ae_2)$に，i_2を$i_2'(=i_2/a)$にそれぞれ変換すると

$$e_1 = ae_2 = -a^2 Ri_2' - a^2 L\frac{di_2'}{dt} - \frac{1}{(C/a^2)}\int i_2' dt \tag{4·15}$$

を得る．つまり，二次側に接続された抵抗R，インダクタンスL，キャパシタンスCを一次側に換算すると，それぞれ$R'=a^2R$, $L'=a^2L$, $C'=C/a^2$と表せることが理解できよう．これらを総合して図4·5の等価回路が得られる．

④ 実際の変圧器と密結合変圧器の違いは何か

実際の変圧器では，密結合変圧器では考慮しなかった巻線抵抗，漏れ磁束，鉄心の磁化特性を考えなければならない．これらを考慮した実際の変圧器の電圧方程式，等価回路について理解しよう．

[1] 巻線抵抗と漏れインダクタンス

実際の変圧器では巻線に抵抗成分があり，一次巻線抵抗R_1，二次巻線抵抗R_2を考慮する必要がある．また，鉄心の磁束に関しては，図4·1に示したように有

効磁束 ϕ_m のほかに，一次，二次の漏れ磁束 ϕ_{l1}，ϕ_{l2} が存在する．これらを用いて一次側の電圧方程式は

$$v_1 = R_1 i_1 + N_1 \frac{d\phi_{l1}}{dt} + N_1 \frac{d\phi_m}{dt} \tag{4・16}$$

と記せる．一次漏れ磁束 ϕ_{l1} は一次電流 i_1 により発生し，ϕ_{l1}，i_1 の間には，一次漏れインダクタンス l_1 を用いて，$N_1 \phi_{l1} = l_1 i_1$ の関係が得られる．また，右辺第3項は式 (4・12) の一次誘導起電力 e_1 であり，これらの関係を式 (4・16) に代入して一次側電圧方程式が

$$\begin{aligned} v_1 &= R_1 i_1 + l_1 \frac{di_1}{dt} + L_{01} \frac{di_1}{dt} + M \frac{di_2}{dt} \\ &= R_1 i_1 + L_1 \frac{di_1}{dt} + M \frac{di_2}{dt} \end{aligned} \tag{4・17}$$

と得られる．ここで，L_1 は一次自己インダクタンスで，$L_1 = l_1 + L_{01}$ である．一方，一次側と同様にして，二次側についても二次漏れインダクタンス l_2，二次自己インダクタンス $L_2 (= l_2 + L_{02})$ を用いて，二次側電圧方程式が

$$\begin{aligned} v_2 &= R_2 i_2 + l_2 \frac{di_2}{dt} + L_{02} \frac{di_2}{dt} + M \frac{di_1}{dt} \\ &= R_2 i_2 + L_2 \frac{di_2}{dt} + M \frac{di_1}{dt} \end{aligned} \tag{4・18}$$

と得られる．式 (4・17)，(4・18) から実際の変圧器の回路は**図 4・6** (a) のように表すことができる．実際の変圧器の自己インダクタンス $L_1 (>L_{01})$，$L_2 (>L_{02})$ と相互インダクタンス M との間には，式 (4・11) の密結合変圧器の関係に対して

$$M = K\sqrt{L_1 L_2} \qquad 0 < K < 1 \tag{4・19}$$

の関係が成り立つ．ここで，K を**結合係数**と呼び，一次，二次巻線の磁気的結合の度合いを示す係数である．密結合変圧器では $K=1$ であるが，実際の変圧器では漏れ磁束のために K は1未満になる．

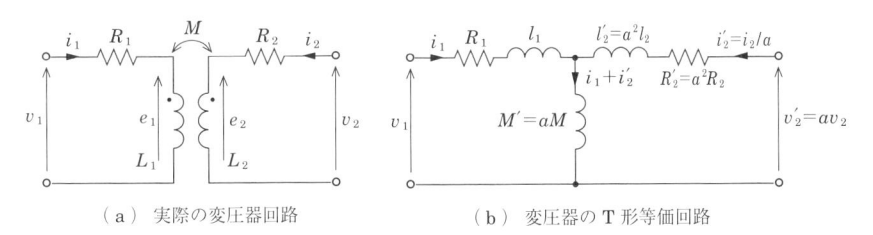

(a) 実際の変圧器回路 (b) 変圧器の T 形等価回路

図 4・6 変圧器の等価回路

次に，図4·6(a)において，図4·5の密結合変圧器の等価回路と同様に，二次側諸量を一次側へ換算した等価回路を導出しよう．式(4·17)，(4·18)に式(4·11)を代入し，密結合変圧器に施した変換と同様にv_2をav_2に，i_2をi_2/aにそれぞれ変換すると

$$\left.\begin{aligned}v_1 &= R_1 i_1 + l_1 \frac{di_1}{dt} + aM \frac{d}{dt}\left(i_1 + \frac{i_2}{a}\right) \\ av_2 &= aM \frac{d}{dt}\left(i_1 + \frac{i_2}{a}\right) + a^2 R_2 \frac{i_2}{a} + a^2 l_2 \frac{d}{dt}\left(\frac{i_2}{a}\right)\end{aligned}\right\} \quad (4\cdot20)$$

が得られる．二次電圧，二次電流の一次換算値v_2'，i_2'および二次抵抗，二次漏れインダクタンス，相互インダクタンスの一次換算値R_2'，l_2'，M'をそれぞれ

$$v_2' = av_2, \quad i_2' = i_2/a, \quad R_2' = a^2 R_2, \quad l_2' = a^2 l_2, \quad M' = aM \quad (4\cdot21)$$

と定義すると，式(4·20)は

$$\left.\begin{aligned}v_1 &= R_1 i_1 + l_1 \frac{di_1}{dt} + M' \frac{d}{dt}(i_1 + i_2') \\ v_2' &= M' \frac{d}{dt}(i_1 + i_2') + R_2' i_2' + l_2' \frac{di_2'}{dt}\end{aligned}\right\} \quad (4\cdot22)$$

と記せ，図4·6(b)に示す二次側諸量を一次側に換算したT形等価回路が得られる．

[2] 鉄心の磁化特性

これまでの説明では，鉄心の磁束密度Bと磁界の強さHとの関係は，鉄心の透磁率μを用いて，$B = \mu H$なる線形関係が成り立つとしている．ところが，図4·2の回路で一次巻線に電流を流して鉄心のB-H特性を測定すると，**図4·7**に示す非線形特性が得られる．磁化されていない鉄心の状態，すなわち，電流が0（磁界の強さ$H=0$）で磁束密度Bも0である図4·7のO点の状態から，徐々に電流を流してHを増加すると，図4·7の曲線①に沿って磁束密度Bも増加し，P点に到達する．この過程においてHが小さいときには，$B = \mu H$なる線形関係が成り立つが，同図に示すようにHの増加とともに磁束密度Bの増加率が減少し，線形関係が成り立たなくなる．

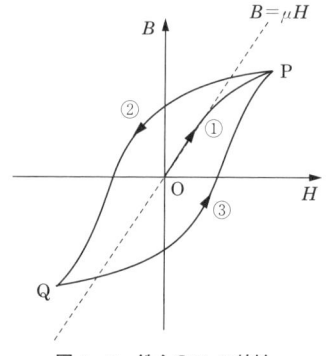

図4·7 鉄心のB-H特性

このようにBの増加率が減少する特性を**磁気飽和特性**という．P点の状態から電流を減少していくと，磁界の強さHおよび磁束密度Bは曲線②に沿って減少し，Q点に到達する．次に再び電流を増加するとHおよびBは曲線③に沿ってP点への軌跡を描く．このようにHの増加時と減少時でBの値が異なる特性を**ヒステリシス特性**という．

　実際の変圧器では，鉄心のヒステリシス特性により**ヒステリシス損**と呼ばれる損失を発生し，鉄心を発熱させる．ヒステリシス損W_hは鉄心材料により異なり，電源周波数をf〔Hz〕，磁束密度の最大値をB_m〔T〕とするとき，鉄心の単位重量当り

$$W_h = \sigma_h f B_m^2 \text{〔W/kg〕} \tag{4・23}$$

で与えられる．ここで，σ_hは鉄心材料により決まる定数である．

　鉄心を発熱させるもう一つの損失として渦電流損がある．**渦電流**とは，鉄心の磁束ϕ_mの変化に伴って鉄心内で発生する誘導起電力によって，鉄心中に流れる電流である．この渦電流により鉄心を発熱させる損失が**渦電流損**である．鉄心の単位重量当りの渦電流損W_eは

$$W_e = \sigma_e (f B_m)^2 \text{〔W/kg〕} \tag{4・24}$$

で与えられる．ここで，σ_eは鉄心材料により決まる定数である．

　ヒステリシス損と渦電流損はともに鉄心における損失であり，併せて**鉄損**と呼ばれる．式（4・23），（4・24）から明らかなように，磁束密度の最大値B_mを一定とした場合，ヒステリシス損W_hは周波数fに比例し，渦電流損W_eは周波数の自乗f^2に比例するので，周波数が高くなるほど，ヒステリシス損，渦電流損はともに増加し，また，鉄損に占める渦電流損の割合も増加する．

　図4・8は鉄損を考慮したT形等価回路で，相互インダクタンスM'に並列に鉄損抵抗R_M'を挿入し，このR_M'で消費される電力により鉄損を表現している．

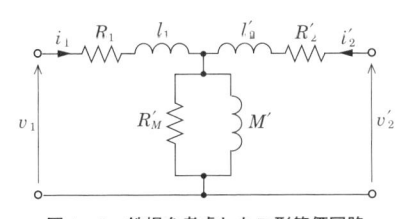

図4・8　鉄損を考慮したT形等価回路

ヒステリシス損発生のしくみ

　鉄心の非線形特性である磁気飽和特性とヒステリシス特性により励磁電流がひずみ，ヒステリシス損を発生するしくみを説明する．下図 (a) の回路で巻線抵抗と渦電流を無視し，断面積A，磁路長lの鉄心にN_1回の巻線が施され，そのB–H特性が図 (b) で与えられるとする．いま，電源電圧v_sは実効値V_1，角周波数ωの正弦波電圧として

$$v_s(t) = \sqrt{2}\,V_1 \cos \omega t \qquad \langle 1 \rangle$$

と与える．ところで，v_sと磁束密度Bとの間には上記の仮定のもとで，$v_s = N_1 d(AB)/dt$の関係が成り立つので，磁束密度Bについて解き，式〈1〉の$v_s(t)$を代入すると

$$B(t) = \frac{1}{N_1 A} \int v_s dt = B_m \sin \omega t \qquad \left(B_m = \frac{\sqrt{2}\,V_1}{N_1 A \omega} \right) \qquad \langle 2 \rangle$$

が得られる．図 (b) の鉄心のB–H特性から式〈2〉の正弦波磁束密度$B(t)$に対して，ひずんだ磁界の強さ$H(t)$が図示のように求まる．$H(t)$を実効値H_1，角周波数ωの基本波成分と実効値H_3，角周波数3ωの三次調波成分の合成波形で近似して

$$H(t) \simeq \sqrt{2}\,H_1 \cos(\omega t - \pi/2 + \varphi_1) + \sqrt{2}\,H_3 \cos(3\omega t - \pi/2 + \varphi_3) \qquad \langle 3 \rangle$$
$$0 < \varphi_1 < \pi/2$$

と表現できる．ここで，φ_1，φ_3はそれぞれ$H(t)$の基本波，三次高調波成分の位相角である．式 (4.4) のHに式〈3〉を代入して，この$H(t)$をつくるための励磁電流i_0が

$$i_0(t) = \sqrt{2}\,I_{01} \cos(\omega t - \pi/2 + \varphi_1) + \sqrt{2}\,I_{03} \cos(3\omega t - \pi/2 + \varphi_3) \qquad \langle 4 \rangle$$

と得られる．ここで，I_{01}，I_{03}はそれぞれi_0の基本波，三次高調波電流の実効値で，$I_{01} = H_1 l / N_1$，$I_{03} = H_3 l / N_1$であり，励磁電流$i_0(t)$もひずみ波形となる．

　鉄心のヒステリシス特性により発生する損失を考えるために，電源が供給する電力P_hを式〈1〉のv_s，式〈4〉のi_0から計算すると

$$P_h = \frac{\omega}{2\pi} \int_0^{2\pi/\omega} v_s(t) i_0(t)\, dt$$
$$= V_1 I_{01} \cos\left(-\frac{\pi}{2} + \varphi_1\right) \qquad \langle 5 \rangle$$

が得られる．ここで，$\cos(-\pi/2 + \varphi_1)$が基本波力率であり，この電力P_hがヒステリシス損である．

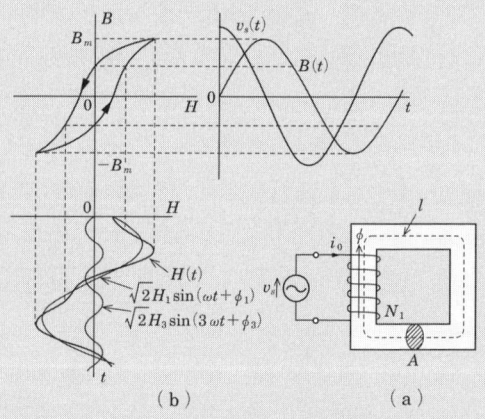

ヒステリシス特性による磁界のひずみ

5 正弦波電圧に対する等価回路を理解しよう

電源角周波数ωの正弦波電圧に対する変圧器の等価回路は，図4・8のT形等価回路に対応させて，**図4・9**で得られる．ここで

- $\dot{V}_1, \dot{V}_2'$ ：一次電圧，一次換算された二次電圧
- $\dot{I}_1, \dot{I}_2'$ ：一次電流，一次換算された二次電流
  　　　　　　($\dot{I}_2'$はいままでの$\dot{i}_2'$と向きを逆にとっている．)
- $\dot{I}_0, \dot{I}_{00}, \dot{I}_{0\omega}$ ：励磁電流，磁化電流，鉄損電流
- R_1, R_2' ：一次抵抗，一次換算された二次抵抗
- $x_1 (=\omega l_1)$ ：一次漏れリアクタンス
- $x_2' (=\omega l_2')$ ：一次換算された二次漏れリアクタンス
- $g_0 (=1/R_M')$ ：励磁コンダクタンス
- $b_0 (=1/\omega M')$ ：励磁サセプタンス
  　　　　　　(一般的に正弦波交流の等価回路では励磁回路をアドミタンスで表す．)

である．また，$\dot{Z}_L'$は一次換算された負荷インピーダンスで，負荷インピーダンス$\dot{Z}_L = R_L + jX_L$を用いて

$$\dot{Z}_L' = a^2 \dot{Z}_L = R_L' + jX_L', \quad R_L' = a^2 R_L, \quad X_L' = a^2 X_L \qquad (4・25)$$

と与えられる．

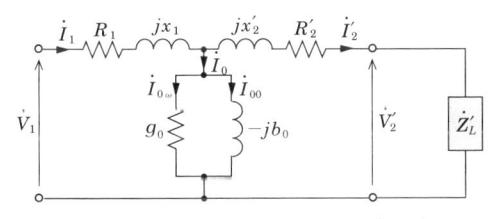

図4・9 正弦波交流に対するT形等価回路

図4・9のT形等価回路を簡略化したものとして，**図4・10**(a)の簡易等価回路が用いられる．簡易等価回路は，T形等価回路の一次インピーダンス$\dot{Z}_1 = R_1 + jx_1$と励磁アドミタンス$\dot{Y}_0 = g_0 - jb_0$を入れ換えたものである．これは，一次インピーダンスによる電圧降下が一次電圧$\dot{V}_1$の2～3％程度のものが多く，入換えを

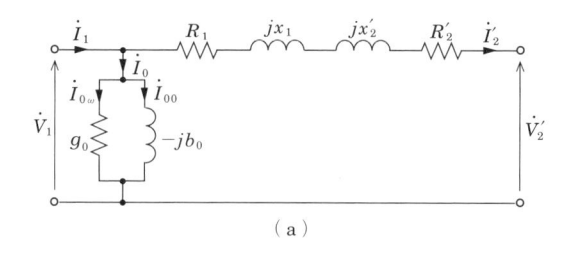

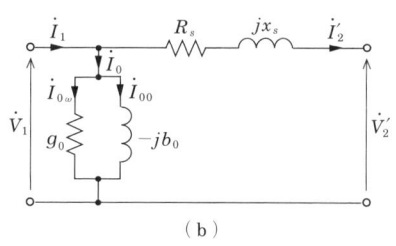

図 4・10 変圧器の簡易等価回路

行っても特性計算上さしつかえないためである．同図 (b) は一次，二次の巻線抵抗と漏れインダクタンスをまとめたもので

$$\dot{Z}_s = R_s + jx_s \quad (R_s = R_1 + R_2', \quad x_s = x_1 + x_2') \tag{4・26}$$

である．ここで，R_s を**短絡抵抗**，x_s を**短絡リアクタンス**，$\dot{Z}_s$ を**短絡インピーダンス**と呼ぶ．

励磁回路の並列表現と直列表現

変圧器励磁回路の等価回路では，g_0 と b_0 の並列回路として表したが，下図に示すように抵抗 R_1' とリアクタンス x_M' の直列回路としても表現できる．並列回路から直列回路への置換えは，並列回路のアドミタンスをインピーダンス表現して

$$\frac{1}{g_0 - jb_0} = \frac{g_0 + jb_0}{g_0^2 + b_0^2}$$

$$R_1' = \frac{g_0}{g_0^2 + b_0^2}$$

$$x_M' = \frac{b_0}{g_0^2 + b_0^2}$$

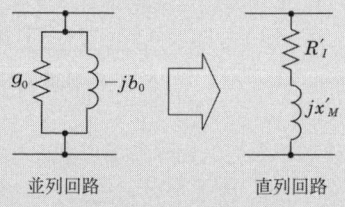

並列回路と直列回路の関係

と得られる．

6 等価回路の回路定数計測はどうするか

簡易等価回路の回路定数計測は**図4・11**の無負荷試験と短絡試験によって行われる．

図4・11(a)の無負荷試験では二次出力端子を開放し，一次電圧を誘導電圧調整器IRにより定格電圧V_{10}に合わせたときの一次電流I_{10}と入力電力P_{10}を測定する．一次電流I_{10}は励磁回路に流れるので，電力P_{10}およびI_{10}は，それぞれ

$$P_{10} = I_{0\omega} V_{10} = g_0 V_{10}^2 \tag{4・27}$$

$$I_{10} = Y_0 V_{10} = \sqrt{g_0^2 + b_0^2}\, V_{10} \tag{4・28}$$

と記せる．式(4・27)，(4・28)より，励磁コンダクタンスg_0，励磁サセプタンスb_0について解いて，g_0，b_0はそれぞれ

$$g_0 = \frac{P_{10}}{V_{10}^2}, \qquad b_0 = \sqrt{\left(\frac{I_{10}}{V_{10}}\right)^2 - g_0^2} \tag{4・29}$$

と求まる．

図4・11(b)の短絡試験では，二次出力端子を短絡し，誘導電圧調整器IRを調整して一次電流を定格一次電流I_{1s}に合わせたときの一次電圧V_{1s}と入力電力P_{1s}を測定する．このとき，V_{1s}は定格電圧に比較して十分小さいので，I_{1s}の励磁電流成分は無視できる程度に小さく，$I_{1s} \simeq I_2{}'$と近似できる．電力P_{1s}および電圧V_{1s}

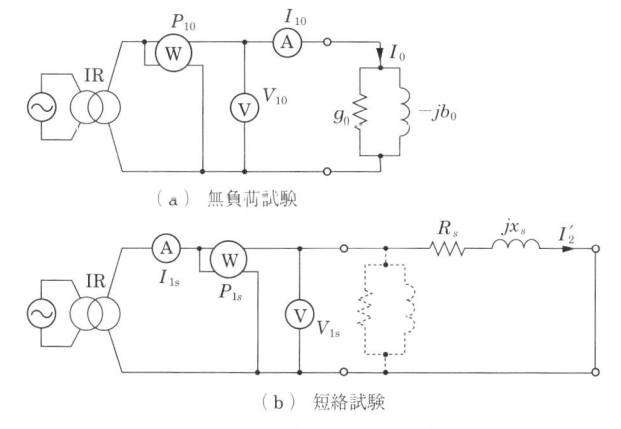

(a) 無負荷試験

(b) 短絡試験

図4・11 等価回路定数の測定

は，それぞれ

$$P_{1s} = I_{1s}^2 R_s \tag{4・30}$$

$$V_{1s} = \sqrt{R_s^2 + x_s^2}\, I_{1s} \tag{4・31}$$

と記せる．式 (4・30)，(4・31) より，短絡抵抗 R_s と短絡リアクタンス x_s について解いて，R_s，x_s はそれぞれ

$$R_s = \frac{P_{1s}}{I_{1s}^2}, \qquad x_s = \sqrt{\left(\frac{V_{1s}}{I_{1s}}\right)^2 - R_s^2} \tag{4・32}$$

と求まる．

短絡抵抗 R_s は，一次，二次抵抗の合成値であり，それぞれを分離する方法として，ホイートストンブリッジなどを用いて，一次抵抗 R_1，二次抵抗 R_2 をそれぞれ単独に測定する方法がある．たとえば，室温 t [℃] において一次抵抗を測定し，式 (4・33) を用いて測定値 R_{1t} を 75℃ の基準温度へ補正して R_1 を得る．二次抵抗についても同様に基準温度に補正する．

$$R_1 = \frac{234.5 + 75}{234.5 + t} \times R_{1t} \tag{4・33}$$

⑦ 電圧・電流のベクトル図を描こう

変圧器の電圧，電流関係を明らかにするためにベクトル図を描こう．ここでは，図4・10 (b) の簡易等価回路に基づいて，以下の手順に従って，**図4・12**のベクトル図が描ける．

① 二次電圧の一次換算値 $\dot{V}_2{}'$ を基準ベクトルに選ぶ．
② 負荷インピーダンス $\dot{Z}_L{}' = R_L{}' + jX_L{}'$ より，二次電流の一次換算値 $I_2{}'$ が，式 (4・34)，(4・35) から得られる．

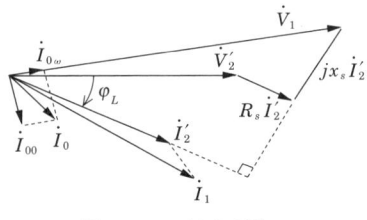

図4・12 ベクトル図

$$\dot{I}_2' = \frac{\dot{V}_2'}{\dot{Z}_L'} = \frac{\dot{V}_2'}{\sqrt{R_L'^2 + X_L'^2}} e^{-j\varphi_L} \qquad (4\cdot 34)$$

$$\varphi_L = \tan^{-1} \frac{X_L'}{R_L'} \qquad (4\cdot 35)$$

③ 短絡抵抗 R_s および短絡リアクタンス x_s による電圧降下ベクトルの作図により一次電圧 $\dot{V}_1$ が

$$\dot{V}_1 = \dot{V}_2' + \dot{Z}_s' \dot{I}_2' = \dot{V}_2' + R_s \dot{I}_2' + jx_s \dot{I}_2' \qquad (4\cdot 36)$$

と得られる．

④ 励磁コンダクタンス g_0 および励磁サセプタンス b_0 に流れる励磁電流 $\dot{I}_0$ が

$$\dot{I}_0 = \dot{I}_{0\omega} + \dot{I}_{00} \qquad (4\cdot 37)$$

$$\dot{I}_{0\omega} = g_0 \dot{V}_1, \qquad \dot{I}_{00} = -jb_0 \dot{V}_1 \qquad (4\cdot 38)$$

と描ける．

⑤ 二次電流の一次換算値 $\dot{I}_2'$ と励磁電流 $\dot{I}_0$ の合成電流として，一次電流ベクトル $\dot{I}_1$ が

$$\dot{I}_1 = \dot{I}_2' + \dot{I}_0 \qquad (4\cdot 39)$$

と描ける．

⑧ 負荷により電圧はどのように変化するか

　変圧器の出力電圧 V_2 は負荷の有無にかかわらず，一定値であることが望ましい．しかしながら，図 4・12 のベクトル図から明らかなように，一次電圧 $\dot{V}_1$ が一定であっても短絡インピーダンスの電圧降下 $R_s \dot{I}_2'$，$x_s \dot{I}_2'$ により出力電圧 $\dot{V}_2'$ は変化する．

　いま，定格力率の定格負荷時において定格二次電圧 V_{2n} が得られているとする．この状態から，負荷を開放して無負荷状態としたときの二次電圧が V_{20} であったとしよう．このとき，定格負荷時に対する無負荷時の電圧変化の割合を**電圧変動率** ε と呼び，ε は次式で定義される．

$$\varepsilon = \frac{V_{20} - V_{2n}}{V_{2n}} \times 100 \ [\%] \qquad (4\cdot 40)$$

　一次換算された定格二次電圧 $V_{2n}' = aV_{2n}$ を用いて，式 (4・40) を一次側に換算すると，電圧変動率 ε は

$$\varepsilon = \frac{aV_{20} - aV_{2n}}{aV_{2n}} \times 100 = \frac{V_1 - V_{2n}'}{V_{2n}'} \times 100 \, [\%] \qquad (4\cdot41)$$

と書き換えられる．

以上の説明では，電圧変動率 ε を実験的に求める方法を述べた．次に等価回路定数と変圧器の定格値から電圧変動率 ε を計算する方法を考えよう．**図 4・13** に示す負荷力率 $\cos\varphi_L$，定格電流 I_{2n}' の定格負荷時のベクトル図において，R_s および x_s による電圧降下を，V_{2n}' に対する百分率 p，q としてそれぞれ次式で定義する．

$$p = \frac{R_s I_{2n}'}{V_{2n}'} \times 100 \, [\%] \qquad (4\cdot42)$$

$$q = \frac{x_s I_{2n}'}{V_{2n}'} \times 100 \, [\%] \qquad (4\cdot43)$$

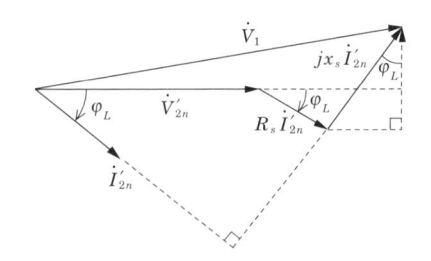

図 4・13 電圧変動率を計算するためのベクトル図

ここで，p を**百分率抵抗降下**，q を**百分率リアクタンス降下**といい，これらは等価回路定数と変圧器の定格から計算できる．一般的に p，$q \ll 100$ の関係が成り立つので，図 4・13 のベクトル図において負荷力率 $\cos\varphi_L$ にかかわらず $\dot{V}_{2n}'$，$\dot{V}_1$ の位相差は小さい．このため，V_1 と V_{2n}' の関係においては，その同相成分のみで近似でき，次式が成立する．

$$\begin{aligned} V_1 &= V_{2n}' \sqrt{\left(1 + \frac{p}{100}\cos\varphi_L + \frac{q}{100}\sin\varphi_L\right)^2 + \left(\frac{q}{100}\cos\varphi_L - \frac{p}{100}\sin\varphi_L\right)^2} \\ &\simeq V_{2n}'\left(1 + \frac{p}{100}\cos\varphi_L + \frac{q}{100}\sin\varphi_L\right) \end{aligned} \qquad (4\cdot44)$$

式 (4・44) を式 (4・41) へ代入し，電圧変動率 ε は

$$\varepsilon \simeq p\cos\varphi_L + q\sin\varphi_L \, [\%] \qquad (4\cdot45)$$

と得られ，p，q と力率角 φ_L により計算できる．

例題2 $p=2\%$, $q=7\%$の変圧器がある．負荷力率$\cos\varphi_L=0.8$における電圧変動率εを式(4・44)の近似ありとなし，それぞれの場合について求めよ．

[解答] 近似ありの場合には，式(4・45)より
$$\varepsilon \simeq p\cos\varphi_L + q\sin\varphi_L = 2\times 0.8 + 7\times 0.6 = 5.8\%$$
と得られる．一方，式(4・44)の近似なしの式で，V_1は
$$V_1 = V_{2n}{'}\sqrt{\left(1+\frac{2}{100}\times 0.8 + \frac{7}{100}\times 0.6\right)^2 + \left(\frac{7}{100}\times 0.8 - \frac{2}{100}\times 0.6\right)^2} - 1.0589\,V_{2n}{'}$$
と得られ，$\varepsilon = 5.9\%$と求まる．以上より式(4・45)の近似の有効性が理解できる．

⑨ 変圧器の効率を理解しよう

変圧器の損失は，巻線抵抗R_sと励磁コンダクタンスg_0でそれぞれ発生する銅損P_cと鉄損P_iに主に分けられ，以下のようにまとめられる．

$$\text{損失}\, P_l \begin{cases} \text{銅損}\, P_c & \cdots\ \text{巻線抵抗による損失}\, R_s I_2{'}^2\text{で，負荷状態} \\ \text{(負荷損)} & \text{により変化する．} \\ \text{鉄損}\, P_i & \cdots\ \text{ヒステリシス損と渦電流損からなり，負} \\ \text{(無負荷損)} & \text{荷状態によらず一定値である．} \end{cases}$$

変圧器の効率ηは，変圧器入力をP_{in}，出力をP_{out}とすると

$$\eta = \frac{P_{out}}{P_{in}}\times 100 = \frac{P_{out}}{P_{out}+P_l}\times 100\ [\%] \tag{4・46}$$

と与えられる．出力P_{out}および損失P_lはそれぞれ

$$P_{out} = V_2{'} I_2{'} \cos\varphi_L \tag{4・47}$$

$$P_l = P_i + R_s I_2{'}^2 \tag{4・48}$$

と記せるので，式(4・46)に代入して，効率ηは

$$\eta = \frac{V_2{'} I_2{'} \cos\varphi_L}{V_2{'} I_2{'} \cos\varphi_L + P_i + R_s I_2{'}^2}\times 100\ [\%] \tag{4・49}$$

と得られる．

例題3 変圧器の負荷電流を変化させたとき，効率が最大となる条件を求めよ．

[解答] 式(4・49)の変圧器の効率の式を変形すると

$$\eta = \cfrac{1}{1+\cfrac{1}{V_2'\cos\varphi_L}\left(\cfrac{P_i}{I_2'}+R_sI_2'\right)}$$

$$= \cfrac{1}{1+\cfrac{1}{V_2'\cos\varphi_L}\left\{\left(\sqrt{\cfrac{P_i}{I_2'}}-\sqrt{R_sI_2'}\right)^2+2\sqrt{P_iR_s}\right\}}$$

が得られる．I_2' の変化に対して効率 η が最大となる条件は

$$\sqrt{\frac{P_i}{I_2'}}-\sqrt{R_sI_2'}=0, \qquad P_i=R_sI_2'^2$$

となり，すなわち，鉄損 P_i と銅損 $P_c\,(=R_sI_2'^2)$ が等しい場合である．

⑩ 三相回路への応用を考えよう

単相変圧器の極性について理解し，3台の単相変圧器を用いて，三相回路に応用する場合の結線法について学ぶ．

[1] 変圧器の極性

変圧器の極性とは，図 4・14 に示すように，一次，二次巻線端子の相対的な関係を表したものである．同図 (a) では一次，二次の瞬時的な誘導起電力 e_1, e_2 の方向が同じで**減極性**といい，端子記号として一次側 U, V に並置して二次側に u, v を付ける．同図 (b) は，一次，二次の瞬時的な誘導起電力 e_1, e_2 の方向が反対で**加極性**といい，このとき端子記号は U と u, V と v は対角線上に付けられる．図 4・14 に示すように図記号上では変圧器のドットにより極性を判断できる．変圧器の極性確認をするには図 4・14 のように結線し，電圧計の指示値に対して $V_3=|V_1-V_2|$ が成り立てば減極性，$V_3=V_1+V_2$ となれば加極性と判定する．

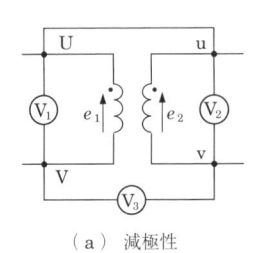

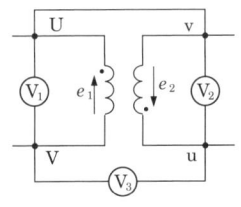

(a) 減極性　　　　　　　　(b) 加極性

図 4・14　変圧器の極性

なお，日本では減極性が標準となっている．

[2] 変圧器の三相結線

単相変圧器を3台用いて三相電源に応用する三相結線法として，Y-Y結線，Δ-Δ結線，Y-Δ結線，Δ-Y結線がある．この場合，3台の変圧器は変圧器の容量のみならず，回路定数も等しいことが必要である．

(a) Y-Y結線

図4・15(a)はY-Y結線の接続図であり，同図(b)のように一次，二次の電圧，電流を定義する．一次側に対称三相電圧を接続し，変圧器の励磁アドミタンス，短絡インピーダンスを無視し，遅れ力率$\cos\varphi_L$の平衡三相負荷を接続したときの一次，二次側それぞれのベクトル図を同図(c)に示す．一次側について説明すると，各相の相電圧$\dot{V}_U, \dot{V}_V, \dot{V}_W$は，その実効値を$V_s$として

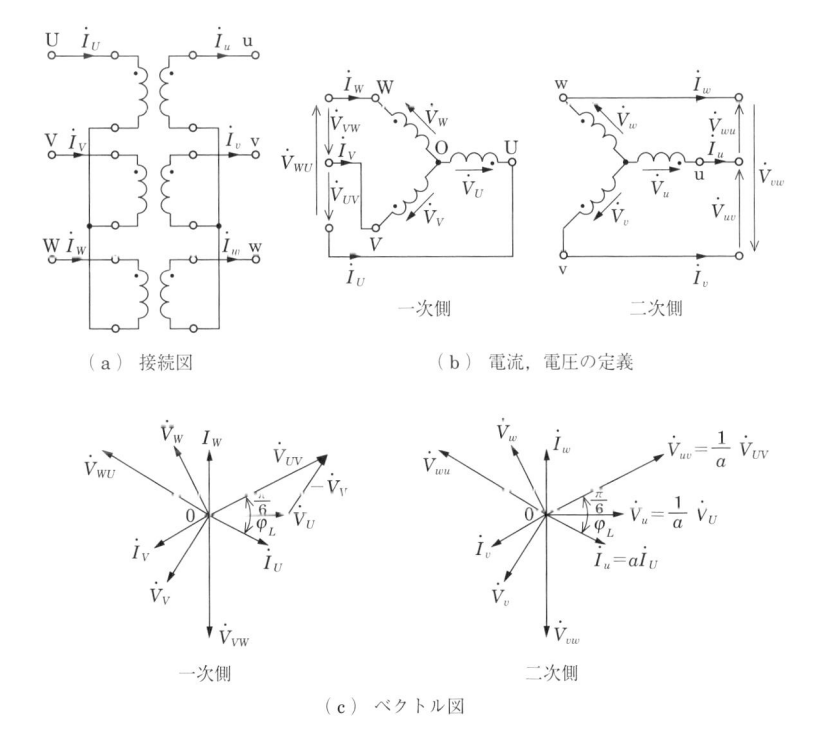

(a) 接続図　　　(b) 電流，電圧の定義

(c) ベクトル図

図4・15　Y-Y結線

$$\left.\begin{array}{l}\dot{V}_U = V_s\varepsilon^{j0}\\ \dot{V}_V = V_s\varepsilon^{-j2\pi/3}\\ \dot{V}_W = V_s\varepsilon^{-j4\pi/3}\end{array}\right\} \qquad (4\cdot50)$$

と与えられ，$\dot{V}_V$ は $\dot{V}_U$ に対して $2\pi/3$ 遅れ，さらに $\dot{V}_W$ は $\dot{V}_V$ に対して $2\pi/3$ 遅れる．一次相電圧 $\dot{V}_U$，$\dot{V}_V$，$\dot{V}_W$ に対して一次電流 $\dot{I}_U$，$\dot{I}_V$，$\dot{I}_W$ は，負荷力率角 φ_L だけ遅れた電流となり，その実効値を I_s とすると

$$\left.\begin{array}{l}\dot{I}_U = I_s\varepsilon^{-j\varphi_L}\\ \dot{I}_V = I_s\varepsilon^{-j(2\pi/3+\varphi_L)}\\ \dot{I}_W = I_s\varepsilon^{-j(4\pi/3+\varphi_L)}\end{array}\right\} \qquad (4\cdot51)$$

と得られる．また，一次線間電圧 $\dot{V}_{UV}$，$\dot{V}_{VW}$，$\dot{V}_{WU}$ は，式 (4·50) より

$$\left.\begin{array}{l}\dot{V}_{UV} = \dot{V}_U - \dot{V}_V = \sqrt{3}\,V_s\varepsilon^{j\pi/6}\\ \dot{V}_{VW} = \dot{V}_V - \dot{V}_W = \sqrt{3}\,V_s\varepsilon^{-j\pi/2}\\ \dot{V}_{WU} = \dot{V}_W - \dot{V}_U = \sqrt{3}\,V_s\varepsilon^{-j7\pi/6}\end{array}\right\} \qquad (4\cdot52)$$

と得られる．線間電圧 $\dot{V}_{UV}$ に対して巻線電圧である相電圧 $\dot{V}_U$ の位相は $\pi/6$ 遅れで，大きさは $1/\sqrt{3}$ となっている．二次側のベクトル図は，変圧器の巻数比 a により二次電圧が一次電圧の $1/a$ 倍，二次電流が一次電流の a 倍にそれぞれなる点を除けば，一次側のベクトル図と同じである．より詳細な電圧，電流関係を求めるためには，**図 4·16** の 1 相分の簡易等価回路が用いられる．等価回路における計算は，一次電圧が線間電圧の $1/\sqrt{3}$ になる点を除いて，すでに説明した単相変圧器の計算と同じであり，計算法の詳細は省略する．

Y–Y 結線では，中性点を接地でき，また巻線電圧が線間電圧の $1/\sqrt{3}$ と低くなるので絶縁が容易であるなどの利点がある．しかしながら，励磁回路における三次調波による問題があり，あまり使用されない．

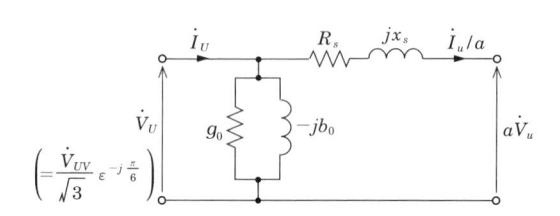

図 4·16　Y–Y 結線の 1 相分簡易等価回路

(b) Δ-Δ結線

図 4・17(a) は Δ-Δ 結線の接続図であり，同図 (b) のように一次，二次の電圧・電流を定義する．同図 (c) に変圧器の励磁アドミタンス，短絡インピーダンスを無視し，遅れ力率 $\cos\varphi_L$ の平衡三相負荷を接続したときのベクトル図を示す．一次，二次側のベクトル図の違いは，変圧器の巻数比 a により二次電圧が一次電圧の $1/a$ 倍，二次電流が一次電流の a 倍にそれぞれなる点であり，この点を除けば両ベクトル図は同じである．二次側について説明すると，相電流 $\dot{I}_{uv}$ は線間電圧 $\dot{V}_{uv}$ に対して力率角 φ_L だけ遅れ，線電流 $\dot{I}_u (= \dot{I}_{uv} - \dot{I}_{wu})$ は，相電流 $\dot{I}_{uv}$ に対して $\pi/6$ 遅れで，その大きさは $\dot{I}_{uv}$ の $\sqrt{3}$ 倍となる．

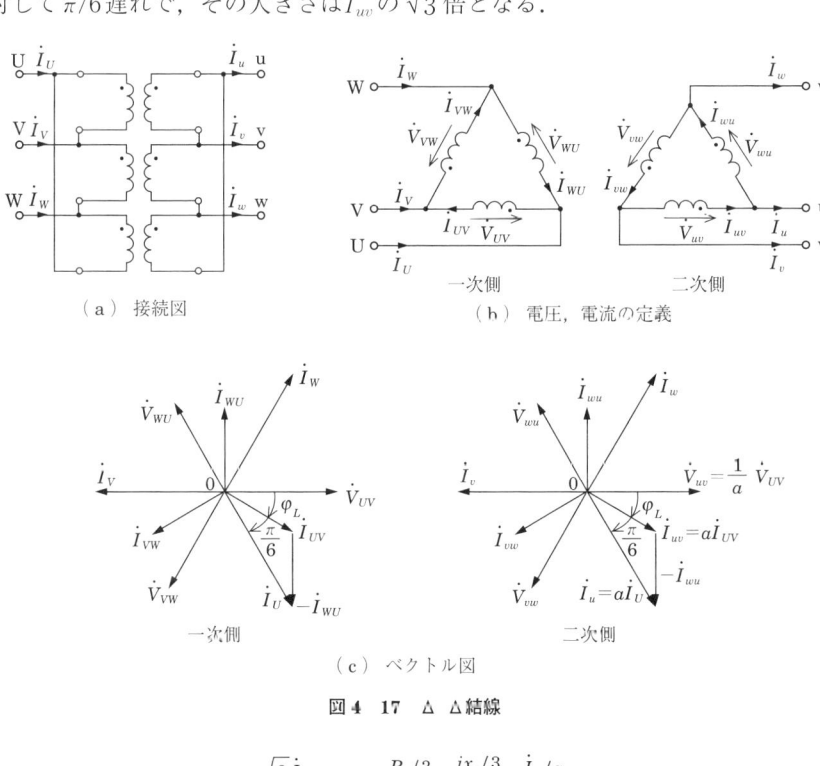

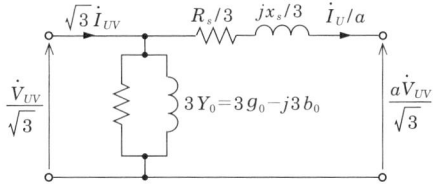

(a) 接続図

(b) 電圧，電流の定義

(c) ベクトル図

図 4・17 Δ-Δ 結線

図 4・18 Δ-Δ 結線の 1 相分簡易等価回路

Δ–Δ結線の1相分の簡易等価回路は**図4·18**で与えられる．ここで，励磁アドミタンスが$3\dot{Y}_0$，短絡インピーダンスが$\dot{Z}_s/3$となっているのは，電気回路理論のΔ–Y変換の公式に従っている．なお，Δ–Δ結線では，励磁電流の三次調波成分は，Δ結線回路で環流し線電流には表れないので，三次調波による問題は生じない．

(c) Y–Δ結線

図4·19(a)は，Y–Δ結線の接続図である．同図(b)に一次，二次の電圧，電流の関係を，同図(c)に変圧器の励磁アドミタンス，短絡インピーダンスを無視し，遅れ力率$\cos\varphi_L$の平衡三相負荷を接続したときのベクトル図をそれぞれ示す．このベクトル図より二次線間電圧$\dot{V}_{uv}$は，一次巻線電圧$\dot{V}_U$に対して同相で$1/a$倍の実効値が得られ，一次線間電圧$\dot{V}_{UV}$に対しては$\pi/6$遅れで$1/\sqrt{3}\,a$倍の実効値が得られることがわかる．このため，一次巻線電圧は一次線間電圧$\dot{V}_{UV}$の$1/\sqrt{3}$の大きさであるのに対して，二次巻線電圧は二次線間電圧$\dot{V}_{uv}$に等しい大きさであることに注意しよう．また，二次電流$\dot{I}_{uv}$は，二次線間電圧$\dot{V}_{uv}$に対して

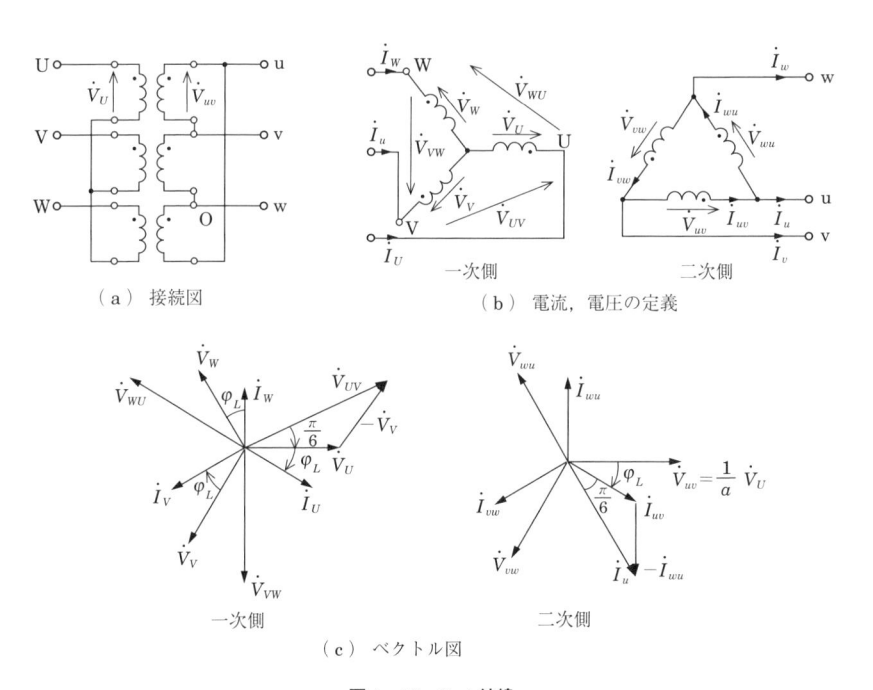

(a) 接続図

(b) 電流，電圧の定義

一次側　　　　　二次側

(c) ベクトル図

図4·19　Y–Δ結線

負荷力率角 φ_L だけ遅れる．さらに，二次u相電流 $\dot{I}_u$ は，$\dot{I}_{uv}$ に対して $\pi/6$ 遅れで，その大きさは $\dot{I}_{uv}$ の $\sqrt{3}$ 倍となる．

Δ-Y結線については，Y-Δ結線の一次，二次を入れ替えただけであり，ここでは説明を省略する．

演習問題

問1 50 Hz用の変圧器を同一電圧の60 Hzで使用した場合，鉄心中の最大磁束密度 B_m，ヒステリシス損 P_h，渦電流損 P_e は，50 Hz時のそれぞれ何倍になるか．

問2 一次/二次電圧が6 600 V/200 Vの単相変圧器がある．一次側を開放し，二次電圧を200Vにしたところ，二次電流は3.3 Aで，二次電力は217.8 Wであった．また，一次側を短絡し，二次電圧8 Vのとき二次電流は200 Aで二次電力は600 Wであった．一次換算した簡易等価回路の回路パラメータを求めよ．

問3 定格容量5kVA単相変圧器の定格負荷時における銅損が150 W，鉄損が70 Wで，遅れ力率0.8における電圧変動率は4.8％であった．遅れ力率0.6における電圧変動率はどれだけか．

問4 定格容量2 kVAで，定格一次電圧200 V，定格二次電圧100 Vの単相変圧器がある．定格電圧における鉄損は20 W，定格電流における銅損は80 Wであった．遅れ力率0.8，1/3負荷（定格電流の1/3）で使用したときの効率を求めよ．また，最大効率が得られるときの負荷電流値を求め，このときの負荷力率を1として最大効率を計算せよ．

5章 誘導モータはどんなモータか

電気エネルギーを機械エネルギーに変換して動力として用いるモータ（70W未満の小形モータを除く）のほとんどは交流モータであり，しかもそのほとんどが誘導モータである．誘導モータは構造が簡単で丈夫，取扱いが容易であることなど多くの特徴を有しているからである．本章では動力用として最も多く用いられている誘導モータとはどんなモータかを調べてみることにしよう．

① 誘導モータはなぜ回転するか

2章⑨で回転磁界を利用したモータとして誘導モータの原理を説明した．そこでは外側の磁石を回転させることにより，電磁誘導作用によって内側の短絡コイルに電圧を生じ，短絡コイルが抵抗分のみと考えれば誘導起電力と同方向に電流が流れ，内側の鉄心と一体となった短絡コイルに電磁力が発生し，外側の磁石の回転方向と同じ方向に回転すると説明した．

外側の磁石を回転させるのと同様な作用を電気的に行う方法，すなわち**回転磁界**を発生させる方法が考案されたことにより，誘導モータは著しく普及し，今日のようなモータの主流の座を得たのである．

さて，回転磁界の発生原理については，これも2章⑦で数式的な説明をしたが，ここでは現象論的な説明を試みてみよう．

三相誘導モータでは，図5・1に示すように，原理的にU，V，W相の3組のコイルをそれぞれ空間的に$2\pi/3$〔rad〕ずつ隔てて巻き（図では簡便さのため1回巻コイルで示してあるが，2章の説明にあるように実際には分布巻されている），それぞれのコイルに最大値が等しく時間的に$2\pi/3$〔rad〕ずつ位相の異なる平衡三相交流を流して，電気的に磁石を回転させるのと同様な作用を行う．それぞれのコイルの巻き始めをU，V，Wなる端子記号で，巻き終わりをU′，V′，W′なる端子記号で表し，正方向の電流は巻き始めの端子から流れ込む方向（⊗印の方向）と考える．

(a) 平衡三相交流

(b) ωt_1 の瞬時 (c) ωt_2 の瞬時

(d) ωt_3 の瞬時 (e) ωt_4 の瞬時

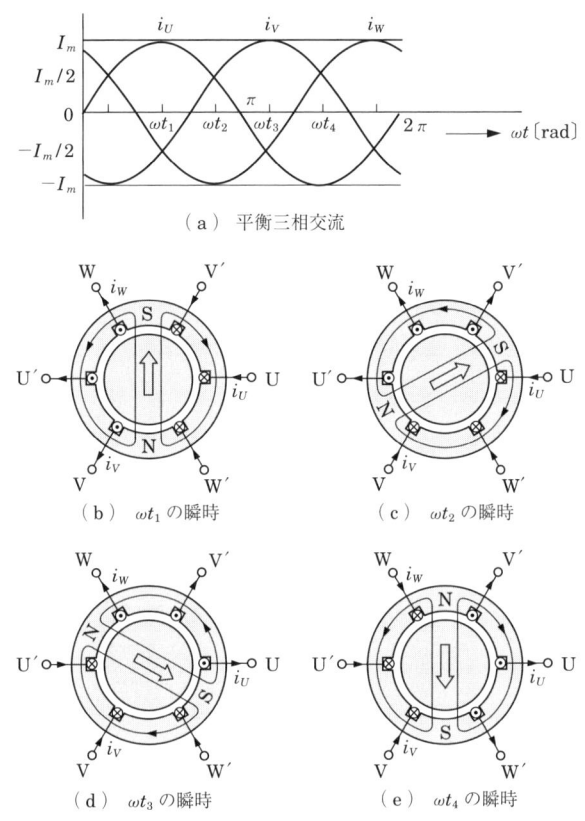

図 5・1 三相誘導モータの回転磁界の発生（2極の場合）

時刻 t_1，すなわち電気角で ωt_1〔rad〕の瞬時においては，図5・1 (b) に示すように $i_U = I_m$ となり，U 端子から⊗印を示した方向に流れ込み，U′端子から⊙印に示した方向に流れ出ることになる．一方，$i_V = i_W = -I_m/2$ であるので，それぞれ V′および W′端子から流れ込み，V および W 端子から流れ出ることになる．したがって，アンペア右ねじの法則によって，磁界は下から上の方向となるので，外側鉄心の内側下部に N 極，内側上部に S 極が存在しているのと同じ現象を示すことになる．

次に，ωt_2 の瞬時においては，同図 (c) に示すように，$i_U = i_V = I_m/2$，$i_W = -I_m$ となるので，N 極の位置は $\pi/3$〔rad〕だけ左側に，S 極の位置は $\pi/3$〔rad〕だけ右側に移動（回転）することが理解できよう．ωt_3 の瞬時には，同図 (d) に示すように，さらに磁極の位置が $\pi/3$〔rad〕移動する．同図 (e) に示す

ωt_4 の瞬時においては，電流の方向が ωt_1 の瞬時とまったく逆となり，N極が上部にS極が下部に存在しているのと同じ状態となる．すなわち，電流が半サイクル（π〔rad〕）変化したとき，磁極も半回転（π〔rad〕）したことになり，電流が1サイクル変化したとき，磁極も1回転することが容易に理解できよう．

このように，対称三相巻線に平衡三相交流を流すと磁極の強さはまったく同じで，磁石を回転させるのと同様な作用となり，回転磁界を発生することができる．また，図から明らかなように，電流が最大となった相の巻線によってつくられる磁極の方向と一致した方向に，三相全体の合成として生じるN極，S極の中心が存在していることも理解できよう．

このように，最大値が等しく，一様な速度で回転する磁界を**円形回転磁界**という．これは磁界ベクトルの先端の軌跡が円を描くからである．

② 同期速度と滑りの意味を理解しよう

この回転磁界の速度を**同期速度**と称するが，同期速度は図5・1より明らかなように，極数 $P=2$ の場合，電流の1サイクルで磁極は2磁極ピッチ（N極と隣りのS極との間隔を**磁極ピッチ**という）進むので，空間的に1回転することになる．極数 $P=2p$（p : **極対数**という）の場合，電流の1サイクルで2磁極進むことは同じであるので，空間的に $1/p$ 回転する．したがって，電源の周波数が f〔Hz〕の場合，1秒間当りの同期速度 n_s は

$$n_s = \frac{f}{p} \ [\text{s}^{-1}] \tag{5・1}$$

となり，同期角速度で表すと

$$\omega_s = 2\pi \frac{f}{p} \ [\text{rad/s}] \tag{5・2}$$

となる．また1分間当りの同期速度 N_s は

$$N_s = \frac{60f}{p} = \frac{120f}{P} \ [\text{min}^{-1}] \tag{5・3}$$

となる．

このように，極数，周波数と同期速度との関係は，交流モータの運転にきわめて重要なことであり，わが国では東日本が 50 Hz，西日本が 60 Hz であるので，同じ交流モータであっても東日本と西日本とでは商用電源で運転する場合，回転

数が異なることになる．また，たとえば，直流を交流に変換するインバータ電源を用いて周波数を上昇させれば，交流モータの回転数を増加させることが可能であることが容易に理解できよう．

同期速度 n_s と回転子速度 n との相対速度を同期速度の比で表したものを**滑り**といい，次式で表される．

$$s = \frac{n_s - n}{n_s} \tag{5・4}$$

誘導モータが静止している場合，滑り $s=1$，同期速度で回転している場合，$s=0$ であるが，一般に $s=0.02 \sim 0.05$ 程度で運転しており，これを滑り $2\sim 5\%$ とパーセント表示することも多い．

なお，誘導モータの回転子から外部動力を加え，同期速度以上の速度，すなわち滑りが負の状態で回転させれば誘導発電機となるが，誘導モータをよく理解できればそれらの特性などを求めることが可能であるので，本書においては説明を省くことにする．

③ 誘導モータの構造を調べよう

実際のモータは，回転磁界をつくる固定子と，この回転磁界による電磁誘導作用に基づいて回転する回転子とからなっている．固定子と回転子との間を**ギャッ**

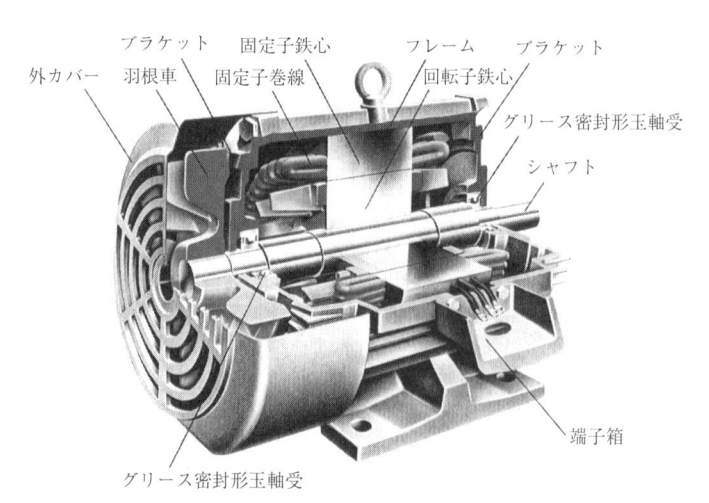

図5・2 三相誘導モータのしくみ（提供：(株)明電舎）

プという．

　図5・2は三相誘導電動機のしくみをスケッチしたものである．固定子は，固定子鉄心，固定子巻線，フレーム，ブラケットから構成されている．**図5・3**は固定子鉄心の組立てを示したものである．鉄心は磁束を通しやすくするためのものであるが，渦電流損やヒステリシス損からなる鉄損を少なくするため，厚さ0.35～0.5 mm程度の鉄板を図 (a) のように打ち抜き，図 (b) のように積層して組み立て，図 (c) のようにスロット中に固定子巻線を施して完成させる．もちろん，鉄板の材質によっても鉄損が異なるので，価格面と兼ね合わせ，鉄板の材質の選定はきわめて重要となる．

　回転子は，**図5・4**(a) に示すように，固定子鉄心と同時に打ち抜いた回転子鉄板を固定子鉄心と同様に積層して組み立てた後，積層鉄心のスロット部分に溶解したアルミニウムを鋳込んで（ダイキャスト工法という），同図(b) のように製造する場合が多い．この際，鉄心の両端にスロット中の導体部分と一体となった短絡環と，冷却風を通しやすくするための冷却フィンを同時に鋳込む場合が多い．

（a）打ち抜いた鉄板　　　（b）積層した鉄心　　　（c）完成した固定子

図5・3　固定子鉄心の組立て（提供：(株)明電舎）

（a）打ち抜いた鉄板　　　（b）アルミダイキャストかご形回転子

図5・4　回転子鉄心の組立て（提供：(株)明電舎）

このように製造された回転子を**アルミダイキャストかご形回転子**と称する．かご形回転子はスロット形状によって特性が変化するため，種々の形状が工夫されている．

なお，回転子巻線は原理的に固定子巻線と同様な巻線をスロット中に施してもよく，このような構造のものを**巻線形回転子**と称する．

④ 回転子の誘導起電力を求めよう

いま，ギャップ中の磁束密度分布が時間的に変化せず，空間的に正弦波分布し，$B = B_m \sin\theta$〔T〕であり，巻数w，コイル辺の長さl〔m〕，コイル辺の間隔（コイルピッチ）が磁極ピッチτ〔m〕に等しい全節巻コイルが，この磁束と相対速度v〔m/s〕で回転している場合の誘導起電力を求めてみよう．

1本のコイル辺に誘導する起電力は$e_1 = Blv$〔V〕となるので，w回巻のコイル（コイル辺の数は$2w$本）に誘導する起電力eは次式で表される．

$$e = 2wlvB_m \sin\theta \text{〔V〕} \tag{5・5}$$

コイルが，$v = 2\tau f$〔m/s〕（f：2磁極ピッチ移動する回数．すなわち周波数）なる速度で移動するとすれば，$\theta = 2\pi ft = \omega t$であるので

$$e = 4wl\tau fB_m \sin\omega t = \sqrt{2}\,E\sin\omega t \text{〔V〕}$$

となる．ただし，Eは実効値で表した誘導起電力である．

したがって，1磁極当りの磁束は$\Phi = (2/\pi)\tau lB_m$であるので

$$E = \frac{2\pi}{\sqrt{2}} wf\Phi = 4.44 wf\Phi \text{〔V〕} \tag{5・6}$$

となる．この式は磁束とコイルの相対速度に起因した誘導起電力を与える式であり，回転磁界によって静止した回転子コイルに誘導される起電力の式でもある．

コイルピッチが磁極ピッチより短い場合を**短節巻**といい，コイルがいくつかのスロットに分布して巻かれている場合を**分布巻**というが，いずれの場合も巻線と鎖交する全磁束が減少することになり，誘導起電力は式(5・6)で表される場合より若干減少する．この減少割合を**巻線係数**といい，記号k_wで表せば

$$E = 4.44 k_w wf\Phi \text{〔V〕} \tag{5・7}$$

となり，巻線に誘導する起電力一般式が求められる．

なお，式(5・7)式は磁束密度分布が正弦波の場合であるが，高調波成分を含

んでいる場合は，それぞれの高調波成分ごとに誘導起電力を計算すればよい．

5 等価回路を導こう

まず，静止している誘導モータを考えてみよう．

三相交流電圧を加えた場合，固定子コイルには回転磁界を発生するための励磁電流が流れ，回転磁界によって回転子コイルに誘導起電力を生じる．回転子コイルは短絡されているので誘導電流（負荷電流）が流れ，この回転子負荷電流による起磁力を打ち消すために固定子コイルにも負荷電流が流れ込む．したがって，励磁電流と負荷電流のベクトル和としての一次電流が固定子コイルに流れることになる．

まさに，一次巻線と二次巻線と鎖交する主磁束の磁路にギャップが存在し，二次巻線が短絡されている変圧器と同じ性質を有していることになり，変圧器とまったく同様な考え方で等価回路を導びくことができるのである．

次に，滑りsで回転している場合を考えてみよう．

回転磁界と回転子との相対速度は式 (5・4) より $(n_s - n) = sn_s$ であるから，回転子コイルが磁束を切る速さは静止時に対してs倍となり，式 (5・7) の誘導起電力は周波数がs倍になったと考えればよいことになる．したがって，静止時 $(s=1)$ の回転子誘導起電力をE_2，周波数をf_1，回転子漏れリアクタンスをx_2とすれば，滑りsで回転している場合はそれぞれsE_2, sf_1, sx_2となることが理解できよう．

図5・5 (a) は滑りsの場合の回転子回路を示したもので，これを同図 (b) のように等価変換し，さらにダッシュ (′) を付けて固定子側に換算した諸量とすれば，図5・6のような三相誘導モータのT形等価回路（1相分）が導出できる．ただし，回転子電流は固定子の負荷電流に等しくなるように換算されているので，

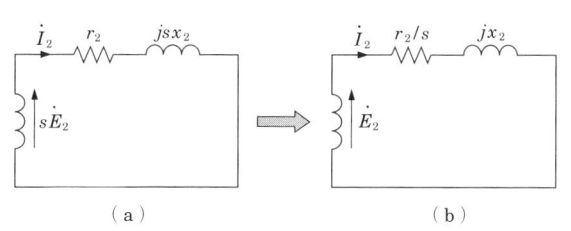

図5・5 滑りsにおける回転子回路

一次側の負荷電流I_1'に等しい．これらの図において，r_1およびr_2'は固定子抵抗および固定子側に換算した回転子抵抗，x_1およびx_2'は固定子漏れリアクタンスおよび固定子側に換算した回転子漏れリアクタンス，r_iは鉄損を表す鉄損抵抗，x_mは励磁リアクタンスであり，いずれも1相当りの値である．

図$5\cdot6$の励磁回路を電源側に移せば，図$5\cdot7$のようなL形等価回路が導かれる．

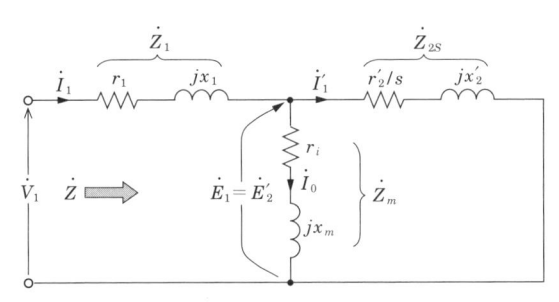

図$5\cdot6$　T形等価回路（1相分）

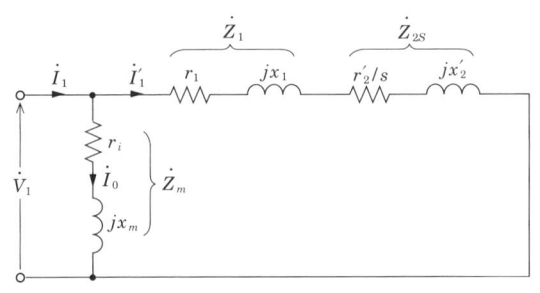

図$5\cdot7$　L形等価回路（1相分）

⑥ 等価回路定数の求め方を調べよう

誘導モータの等価回路を導びくことができたが，簡易的な等価回路定数の求め方を調べてみることにしよう．図$5\cdot6$または図$5\cdot7$より明らかなように，誘導モータの等価回路定数は6個であり，製造されたモータについて，以下のような試験を行うことにより，すべての定数を簡単に求めることができる．

[1]　r_1の求め方

測定時の周囲温度t〔℃〕と固定子コイルの温度が同じであると見なせる状態で，

一次端子間に直流を流して測定（ブリッジ法でもよい）した端子間の抵抗の平均値を R_0〔Ω〕とすれば，特性算定を行う基準巻線温度 T〔℃〕の値に換算した1相当りの一次抵抗 r_1 の値は，次式で求めることができる．

$$r_1 = (1/2) R_0 \{(235+T)/(235+t)\} \text{〔Ω〕} \qquad (5\cdot 8)$$

[2] x_1 および x_2' の求め方

回転子が回らないように拘束しておき，このときの一次電流 I_s〔A〕がほぼ定格値になるように，一次巻線に三相交流電圧 V_s〔V〕（相電圧）を加えたときの1相当りの入力 P_{sp}〔W〕を測定する（拘束試験と称する）．滑り $s=1$ であるので，図5·6で明らかなように，回転子インピーダンス $\dot{Z}_{2s} = r_2'/s + jx_2$ は最も小さく，V_s は定格電圧より著しく低い値であるので，励磁回路を無視すれば，以下の関係式から r_2'，x_1 および x_2' を求めることができる．

$$V_s/I_s = \sqrt{(r_1+r_2')^2 + (x_1+x_2')^2} \text{〔Ω〕}$$

$$r_2' = (P_{sp}/I_s^2) - r_1 \text{〔Ω〕} \qquad (5\cdot 9)$$

$$x_1 = x_2' = (1/2)\sqrt{(V_s/I_s)^2 - (P_{sp}/I_s^2)^2} \text{〔Ω〕} \qquad (5\cdot 10)$$

ただし，x_1 と x_2' とは等しいとして求める．この試験は，コイルの温度上昇を生じないようにすみやかに行う必要がある．

[3] r_i および x_m の求め方

固定子コイルに定格電圧 V_1〔V〕（相電圧）を加え無負荷運転し，このときの一次電流 I_0〔A〕，1相当りの入力 P_{0p}〔W〕を測定する（無負荷試験と称する）．無負荷状態ではほぼ同期速度に近い回転数となり，$s \fallingdotseq 0$ と見なせるので，図5·6より回転子回路は開放状態となる．したがって，入力 P_{0p} から一次巻線の銅損 $I_0^2 r_1$ と機械損 P_{mp}（1相当り）を差し引けば鉄損 P_{ip} となるので，以下の関係式から r_i および x_m を求めることができる．

$$r_i = (P_{0p} - P_{mp} - I_0^2 r_1)/I_0^2 \text{〔Ω〕} \qquad (5\cdot 11)$$

等価回路定数を精度よく求めよう

5章⑥に示す簡単な試験によって誘導モータの6個の定数を求めることができるが，より精度よく諸定数を求めるためには，たとえば式 (5·11) および (5·12) で求まった r_i および x_m を図5·7に代入して励磁電流を求め，式 (5·9) の I_s から励磁電流分をベクトル的に差し引いたものを I_s とおくなどの補正を工夫することもできる．

$$x_m = \sqrt{(V_1/I_0)^2 - (r_1+r_i)^2} - x_1 \ [\Omega] \tag{5・12}$$

ここで，機械損 P_{mp} は回転数の関数であり，電圧 V_1 の値によって変化しないので，モータに加える電圧を定格電圧付近からほぼ同期速度を保つ最低値まで変化させ，V_1 と P_{0p} との関係を表した曲線を $V_1=0$ の点まで外挿すれば，P_{mp} を求めることができる．

7 等価回路から特性を求めよう

図5・6のT形等価回路より誘導モータの諸特性を求めてみよう．

いま，$\dot{Z}_1 = r_1 + jx_1$, $\dot{Z}_{2s} = r_2'/s + jx_2'$, $\dot{Z}_m = r_i + jx_m$ とおけば，一次端子から見たインピーダンス $\dot{Z}$ は

$$\dot{Z} \equiv R + jX = \dot{Z}_1 + \frac{\dot{Z}_{2s}\dot{Z}_m}{\dot{Z}_m + \dot{Z}_{2s}} \tag{5・13}$$

となるので，力率角 ϕ は

$$\phi = \tan^{-1}\frac{X}{R} \tag{5・14}$$

となる．したがって，三相誘導モータの各特性は，図5・6を用いて，以下のように順次算定できることになる．

一次電流	$\dot{I}_1 = \dot{V}_1/\dot{Z}$ [A]	(5・15)
負荷電流	$\dot{I}_1' = \dot{I}_1\{\dot{Z}_m/(\dot{Z}_m+\dot{Z}_{2s})\}$ [A]	(5・16)
励磁電流	$\dot{I}_0 = \dot{I}_1 - \dot{I}_1'$ [A]	(5・17)
一次入力	$P_1 = 3V_1I_1\cos\phi$ [W]	(5・18)
一次銅損	$P_{l1} = 3I_1^2 r_1$ [W]	(5・19)
鉄損	$P_i = 3I_0^2 r_i$ [W]	(5・20)
二次入力	$P_a = P_1 - P_{l1} - P_i = 3(I_1')^2 r_2'/s$ [W]	(5・21)
二次銅損	$P_{l2} = 3(I_1')^2 r_2'$ [W]	(5・22)

機械的出力
$$P_2 = P_a - P_{l2} = 3(I_1')^2(1-s)r_2'/s$$
$$= (1-s)P_a \ [W] \tag{5・23}$$

トルク
$$T = P_2/\omega_r = P_2 \bigg/ \left\{\frac{2\pi f}{p}(1-s)\right\}$$
$$= \frac{3p}{2\pi f}(I_1')^2 r_2'/s \ [N\cdot m] \tag{5・24}$$

同期ワットトルク	$T_{sy} = \omega_s T = (2\pi f/p)T = P_a$〔W〕 ($\omega_s$：同期角速度)	
		(5・25)
軸出力	$P_{20} = P_2 - P_m$〔W〕(P_m：機械損)	(5・26)
理論的効率	$\eta_0 = P_2/P_1$	(5・27)
効率	$\eta = P_{20}/P_1$	(5・28)

このように，T形等価回路を用いて諸特性の算定ができるが，図5・7に示したL形等価回路を用いた場合，電流の算定がさらに簡単になり，簡易的に特性算定するような場合はL形等価回路を用いる．このようにして求めた誘導モータの電力の流れを理解しやすく図示すれば，**図5・8**のようになる．電気的入力が種々の損失で失われ，機械的動力に変換されることが理解できよう．

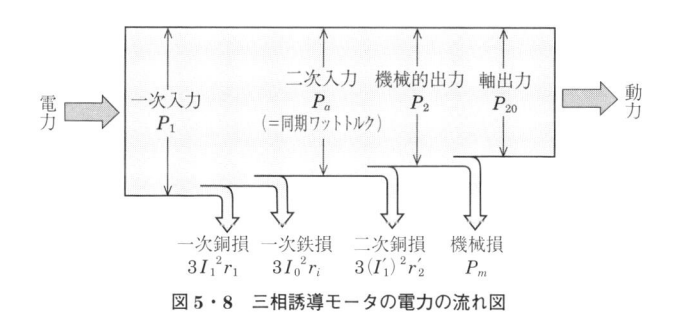

図5・8 三相誘導モータの電力の流れ図

(8) 特性曲線にはどんなものがあるか

[1] 速度特性曲線

誘導モータの諸特性は等価回路法を用いて求めうるが，すべての特性は回転速度の関数であり，速度に対して，一次電流I_1，一次入力P_1，力率$\cos\phi$，二次入力P_a（＝同期ワットトルク），機械的出力P_2，効率ηなどを表した曲線を**速度特性曲線**といい，モータそのものの特性を表す重要な曲線である．よこ軸を滑りで表す場合も多く，**図5・9**はその一例であるが，滑りsが1以上の領域は，回転磁界と反対方向に外力を加えて回転子を回転させることになり，誘導制動機（ブレーキ）の特性を表すことになる．また，滑りsが負の領域は，回転磁界より速い速度で外力を加えて回転子を回転させることになり，誘導発電機の特性を表すこ

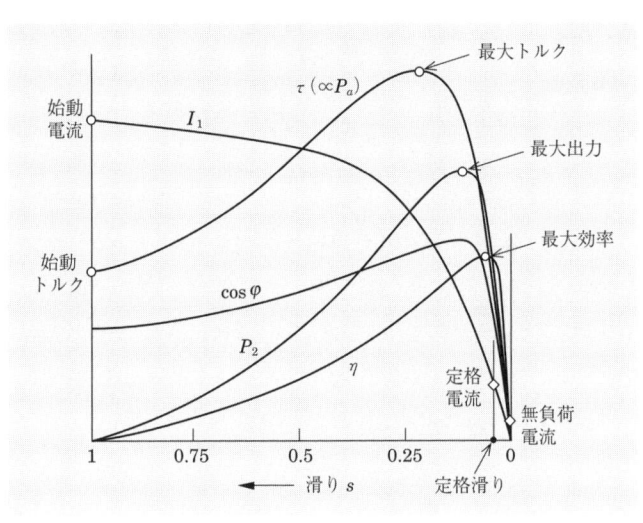

図5・9 速度（滑り）特性曲線

とになる．

この速度特性曲線に関して重要な性質として**比例推移**といわれる特性がある．回転子インピーダンス $\dot{Z}_{2s} = r_2'/s + jx_2'$ であるので，たとえば滑り s を2倍したとき r_2' も2倍とすれば $\dot{Z}_{2s}$ は同じ値であり，したがって，式 (5・14) より力率，式

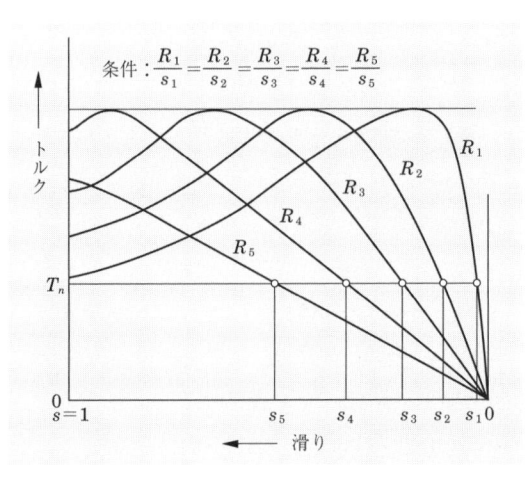

図5・10 トルクの比例推移

(5·15) より一次電流，式 (5·16) より一次負荷電流＝二次電流，式 (5·24) よりトルクが同一の値となり，比例推移することになるのである．トルクの比例推移を図示すれば**図5·10**のようになり，二次抵抗の値を変えることにより，速度特性曲線を変化させることができる．より望ましい特性を得るため，かご形回転子の形状を工夫したり，巻線形回転子の巻線端子をスリップリングに接続して，その外部回路に抵抗を挿入し，その抵抗値を変化させるなどの工夫をしている．

[2]　**出力特性曲線**

誘導モータを実際に使用する際に，負荷の大きさに対する諸特性の変化は特に重要となるので，出力を横軸として表した特性曲線がよく用いられる．この特性曲線を**出力特性曲線**といい，商取引上などにおいては特に重要となる曲線である．**図5·11**は出力特性曲線の例である．最大出力は定格出力の1.5倍程度となる場合が多いが，図5·9より明らかなように，最大出力を超えても最大トルクを生じる滑りまでは運転できることになる．

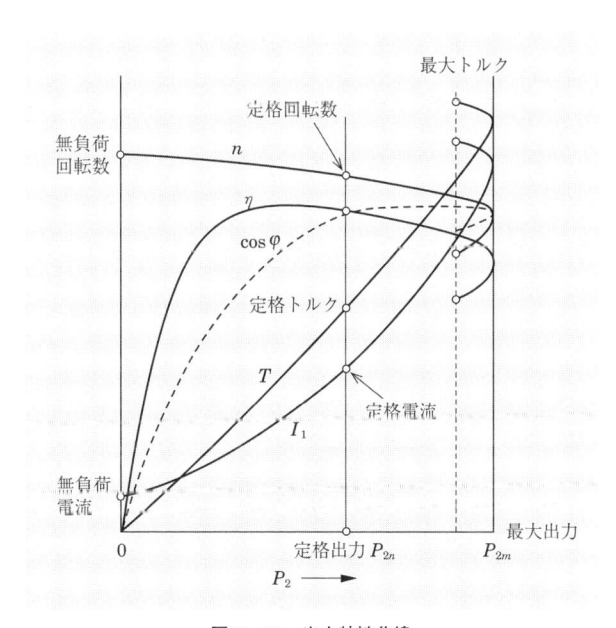

図5·11　出力特性曲線

⑨ 始動にはどんな工夫を必要とするか

　誘導モータの始動にあたって，定格電圧V_1を加えたとき始動電流，始動トルクはどのような値になるのであろうか調べてみよう．

　図5・7のL形等価回路より，始動時においては$s=1$であるので始動電流I_{1st}および始動トルクT_{st}はそれぞれ

$$I_{1st} \cong I_{1st}' = V_1/\sqrt{(r_1+r_2')^2+(x_1+x_2')^2} \quad [\text{A}] \qquad (5\cdot29)$$

$$T_{st} = \frac{3p}{2\pi f}(I_{1st}')^2 r_2' = \frac{3p}{2\pi f} \cdot \frac{V_1^2 r_2'}{(r_1+r_2')^2+(x_1+x_2')^2} \quad [\text{N·m}] \qquad (5\cdot30)$$

となる．I_{1st}は，電源電圧V_1を一次および二次インピーダンスで短絡した値であり，一般に用いられるモータ（汎用モータ）の場合，図5・9のように，定格電流の5～7倍程度となり，きわめて大きな値となる．しかし，始動トルクは，力率が低いため大きな値とはならず，r_2'の大きさにも依存するが，汎用モータの場合，定格トルクの1.5倍程度である．

　定格電流の5倍以上にも及ぶ始動電流が流れた場合，大容量機になればなるほどモータそのものの巻線の加熱，機械的なショックのみならず，配電線路の電圧降下を生じ，電源容量が小さいときには，同じ配電線に接続されている他の電気機器にも悪影響を及ぼすことになるので，始動方法を工夫する必要がある．以下，始動方法として代表的な例を調べてみることにしよう．

[1] **全電圧始動法（直入れ始動方法）**

　数kW程度以下の小型モータに広く採用される最も簡単な方法で，定格電圧をモータに加えて直接始動する方法である．全電圧始動法は負荷の慣性が少なく，かつ電源の容量が大きい場合には大型機にも採用される場合も多い．

[2] **スターデルタ始動法（Y-Δ始動法）**

　始動時は巻線をY結線にし，速度上昇後Δ結線に切り換えて運転する方法である．Y結線のときの各相巻線に加わる電圧はΔ結線のときの$1/\sqrt{3}$であり，線（路）電流はさらにΔ結線のときの$1/\sqrt{3}$となるので，結局Y結線のときの電流はΔ結線のときに比べ1/3の値となる．始動トルクは，(5・30)式からも明らかなように，各相巻線に加わる電圧の2乗に比例するので，やはりΔ結線の場合の1/3となる．すなわち，Δ結線で全電圧始動する場合に比べて電流もトルクも

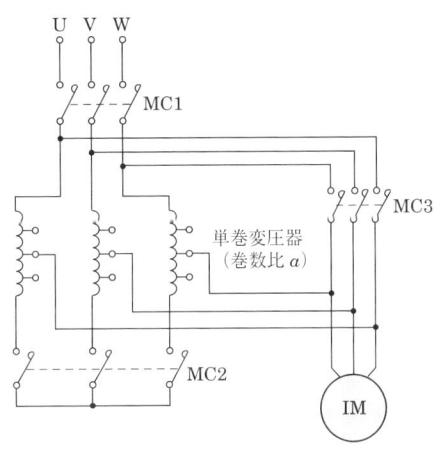

図 5・12 始動補償器始動法

1/3となることを利用した始動法である．この始動法は，大きな始動トルクを要しない5～15kW程度のモータの始動法として利用されている．

[3] 始動補償器始動法

図5・12は始動補償器始動法を示したものであり，**始動補償器**と呼ばれる三相単巻変圧器を用い，タップによりモータに加わる電圧を下げて始動する方法である．まず，MC1とMC2を投入し，単巻変圧器を用いた状態で始動し，速度上昇後MC2を開放して，変圧器巻線の一部をリアクトルとして作用させ電流を制限する．次に，MC3を投入して全電圧運転に切り換えるのである．単巻変圧器でモータに加わる電圧を電源電圧の$1/a$とすれば，モータ電流も$1/a$となり，トルクは$1/a^2$となるが，変圧器作用で電源の電流はさらに$1/a$となるので，結局電源電流も$1/a^2$となるのである．

[4] 巻線形モータの始動法

巻線形誘導モータの場合，回転子巻線の端子をスリップリングに接続し，外部に取り出せるので，図5・10の比例推移の原理を利用して，始動時には外部回路に抵抗（始動抵抗という）を挿入して，始動トルクを大きく，始動電流を少なくすることができ，理想的な始動をさせることが可能である．速度の上昇とともに，始動抵抗の値を少なくし，運転時には始動抵抗の値が0となるよう巻線端子を短絡する．この際，スリップリングとブラシに電流が流れないように，スリップリ

ングに接続する前で巻線端子を短絡するとともに，ブラシもスリップリングと接触させないように工夫している場合も多い．

⑩ 速度を制御する方法を調べよう

　誘導モータの速度を制御するには，その速度に対するトルク特性を変化させればよい．

　誘導モータのトルク特性は，L形等価回路より負荷電流を求め，式 (5・24) 式に代入すれば

$$T = \frac{3p}{2\pi f} \cdot \frac{V_1^2}{(r_1 + r_2'/s)^2 + (x_1 + x_2')^2} \cdot \frac{r_2'}{s} \; [\text{N·m}] \qquad (5 \cdot 31)$$

となる．この式より明らかなように速度，すなわち滑りに対するトルク特性をかえるには，極数 $P\,(=2p)$，周波数 f，電源電圧 V_1 および回転子回路の抵抗 r_2' を変化させる方法が考えられる．完成したかご形誘導モータの場合，r_2' を変えることは不可能であるが，巻線形誘導モータの場合，外部回路の抵抗を含んだ値を r_2' と考えればよいので，r_2' を変える方法も有用な一方法となりうる．各方法について，その特徴など調べてみることにしよう．

[1] **極数 P を変化する方法**

　この方法は固定子巻線に極数の異なる2組以上の独立した巻線を設けるか，または同一の巻線を接続を変更することにより極数を変換し，トルク速度曲線を変化させる方法である．たとえば，**図 5・13** に示すように同じ巻線を接続変更することにより，2極と4極との極数変換を行えることが容易に理解できよう．すなわち，同期速度を 1/2 にすることにより，2段階に速度制御できることになる．巻線方法の工夫と接続の切換方法によっては，極数を 3：2 などの割合で制御す

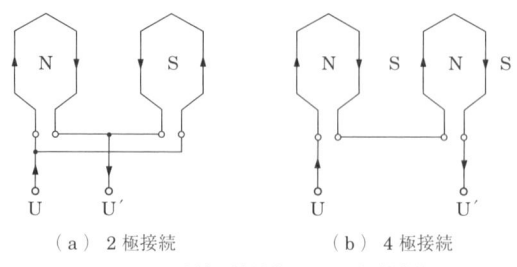

（a）2極接続　　　　　（b）4極接続

図 5・13　巻線の接続変更による極数変換

ることも可能であり，工作機械，大型ポンプなどの速度制御法として利用されている．

[2] 周波数 f を変化させる方法

電源周波数 f に比例して同期速度が変わることに基づいて速度制御する方法である．もちろん，たとえば，インバータのような可変周波数の電源が必要となる．この場合，式 (5·7) で示したように，誘導起電力 E は周波数 f と毎極の磁束に比例するので，誘導モータの磁束をほぼ一定に保つことが望ましく，したがって $E/f \fallingdotseq V_1/f$ となるように，周波数に比例して電源電圧を制御する必要がある．このように制御した場合のトルク特性を**図5·14**に示す．周波数が低くなると，一次インピーダンスによる電圧降下があるので，最大トルクが若干減少することになるが，きわめて円滑な速度制御が可能であることが理解できよう．

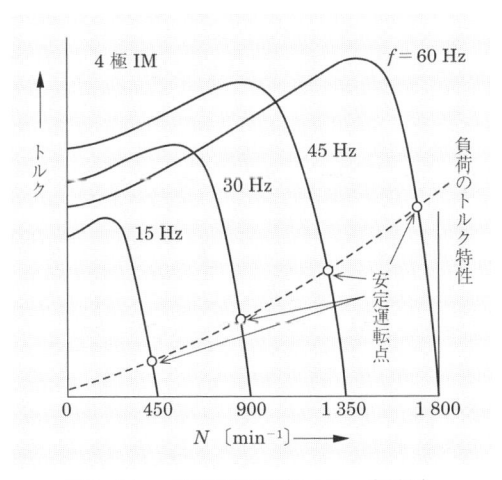

図 5·14 一次周波数制御（V_1/f：一定制御）

[3] 一次電圧制御法

式 (5·31) から明らかなように，トルク特性は一次電圧 V_1 の2乗に比例するので，V_1 を変化することによって，速度制御する方法である．図5·10からもわかるように，二次抵抗の高い機種でないと広範囲で有効な速度制御は不可能である．

[4] 二次抵抗制御法（巻線形誘導モータの場合）

巻線形誘導モータの回転子をスリップリングとブラシを通して外部端子に取り

出し，抵抗を挿入すれば，図5・10で示したように，抵抗値によってトルク特性が比例推移の原理で変化することを利用する方法である．外部抵抗に流れる電流によって銅損を生じ，効率面で不利な点はあるが，制御の容易さが大きな利点であり，巻線形誘導モータの速度制御法として広く用いられている方法である．

[5] **その他の速度制御法**

　モータのトルク特性を変化させるものではなく，モータと負荷との間に，**図5・15**のように電磁カップリング（これも原理的に誘導モータの一種である）を設けて，その励磁電流を調節して速度制御する方法である．誘導モータが回転している状態で，電磁カップリングの直流励磁を加えていくと，外側のドラムには磁束の変化により誘導電流を生じ，トルクを発生し，負荷と一体になった内側の励磁部分が外側のドラム（モータ側）に引っ張られて回転することになる．この励磁の大きさを変化させることにより，電磁カップリングの滑りが変化することになるので，結果として負荷側の速度を変えることができるのである．この滑りに比例した損失をドラム部分で生じるので，減速すればするほど伝達効率は低くなるが，取扱いが容易で，比較的安価な制御法であるので，一般産業用として用いられる場合も多い．

　なお，巻線形誘導モータの場合，回転子の外部回路に，回転子巻線に誘導される電圧の周波数と同じ周波数の電圧を加えて回転子電流を制御し，結果としてトルク特性を変化させ，速度制御する方法がある．この方法を**二次励磁による速度制御法**といい，効率のよい速度制御ができるが設備費は高価とならざるをえない．

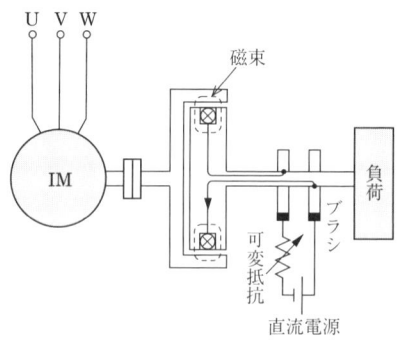

図5・15　電磁カップリングによる速度制御法

⑪ 制動方法を調べよう

制動には，モータを停止させるための**停止制動**と，たとえばエレベータを降下させるときのように，危険な速度にならないように制御しつつ運転するような**限速制動**とに大別される．また，運動エネルギーを電気的エネルギーに変換して消費させる**電気的制動法**と機械的な摩擦の力で制動する**機械的制動法**がある．以下，電気的制動法について代表的な方法を調べてみることにしよう．

[1] **発電制動（直流制動）**

運転中の誘導モータを電源から開放するとともに，固定子巻線の2端子と他の1端子との間に直流を加え，回転子に発電した電圧で回転子巻線に短絡電流を流し，これによる回転子銅損で回転子の運動エネルギーを消費させる方法である．この方法においては，速度の速い間は回転子への発電電圧も高く，誘導電流も多く，制動トルクも大きいが，停止付近の低速度では制動トルクが減少することになる．

[2] **逆相制動（プラッキング）**

正回転中の誘導モータを急停止する必要のあるとき採用される方法で，固定子巻線の2本の接続を入れ替えて回転磁界の方向を逆にし，逆回転状態にして制動するもので，プラッキングとも呼ばれる．ほぼ停止状態になったとき，電源を開放しないと逆回転するので，回転速度を検出することが必要である．

[3] **回生制動**

クレーン，エレベータなどで重量物を降下させるとき，誘導モータを誘導発電機として制動しながら変換電力を電源に返還する方法が回生制動であり，限速制動となる．

[4] **その他の制動法**

前項の電磁カップリングと同様な考え方であるが，モータ軸に別の渦電流制動装置を取り付ける方法もある．すなわち，磁界中で円板や円筒を回転させれば，それらに発生する誘導起電力により渦電流が流れ，銅損を生じさせて制動する方法である．

以上のように，電気的制動法は摩擦部分もなく，制動性もよく，保安の面においても優れているが，停止状態で制動トルクを保持するのが困難であり，機械的

ブレーキと併用する場合も多い.

⑫ 純単相誘導モータの回転磁界の考え方

単相電源で回転する誘導モータを総称して単相誘導モータといい,固定子に1組のコイル(単相巻線)を施し,単相交流電圧を加えた場合を**純単相誘導モータ**という.まず,純単相誘導モータの動作を考えてみよう.

いま,図5・1のU-U′巻線のみからなる固定子の単相巻線に単相交流電流を流した場合を考えると,すでに2章⑦で述べたように電流の周波数と同じ速さで正負の方向に増減する磁界,すなわち**交番磁界**を発生する.

この交番磁束は,**図5・16**に示すように,その最大値の1/2の大きさでそれぞれ時計方向と反時計方向とに回転する二つの円形回転磁界に分解できる.たとえ

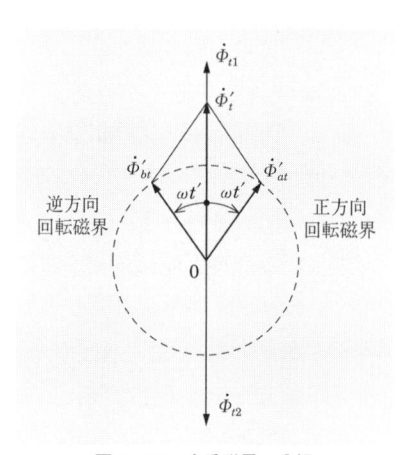

図5・16 交番磁界の分解

ば,$\omega t'$ 〔rad〕の瞬時においては,正方向に回転する磁束 Φ_{at}' と逆方向に回転する磁束 Φ_{bt}' とのベクトル和となり,Φ_t' の磁束となる.このことはきわめて重要なことで,純単相誘導モータは,磁束の大きさがそれぞれ最大値の1/2で,互いに反対方向に回転する二つの三相誘導モータが同軸上に存在することと同じ動作をすると考えることができる.したがって,正方向に回転する磁束 Φ_a に対するトルクを T_a,逆方向に回転する磁束 Φ_b に対するトルクを T_b とすれば,それぞれ**図5・17**のようになり,両者の和が純単相誘導モータとしてのトルク T となる.

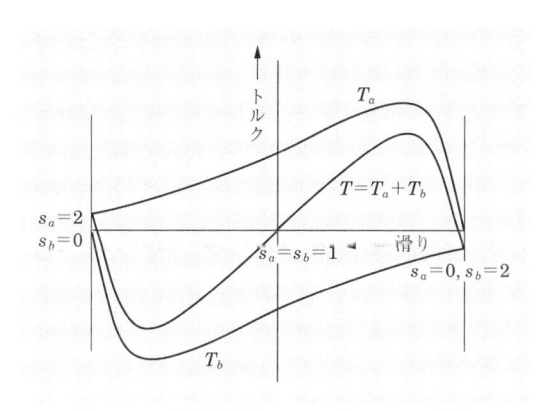

図5・17 純単相誘導モータの速度-トルク曲線

　図の中央部が，それぞれのモータが静止している時を示しており，それぞれのモータに対する滑りs_aおよびs_bはともに1であるが，図の右端では$s_a=0$, $s_b=2$となり，左端では$s_a=2$, $s_b=0$である．合成トルクTは，$s_a=s_b=1$において0であり，始動トルクが存在せず，回転しない．しかし，なんらかの方法で，たとえば，正方向に回転させたとすると，Tが正の値となるのでそのまま加速し，負荷のトルクと平衡する速度で運転することになる．また，なんらかの方法で，逆方向に回転させたとするとTが負の値となるので，そのまま逆方向に加速し，これまた負荷のトルクと平衡する速度で運転することになるのである．

　このように，純単相誘導モータはなんらかの始動方法を工夫すれば，単相電源できわめて便利に用い得ることになる．この始動法は，二相誘導モータの原理を応用しているので，次に二相誘導モータの回転磁界の発生について考えてみよう．

⑬ 二相誘導モータの回転磁界を調べよう

　いま，2組のコイルMとAをそれぞれ空間的に$\pi/2$〔rad〕隔てて巻き，それぞれのコイルに最大値が等しく，時間的に$\pi/2$〔rad〕隔てた平衡二相交流

$$i_M = I_m \cos \omega t, \quad i_A = I_m \cos(\omega t - \pi/2) \tag{5・32}$$

を流すとする．2章⑦と同様にコイルMから角度ϕの点の磁束密度Bは

$$\begin{aligned} B &= K i_M \cos \phi + K i_A \cos(\pi/2 - \phi) \\ &= K I_m \cos(\omega t - \phi) \end{aligned} \tag{5・33}$$

となり，最大値がKI_mで，時間的角度ωtの変化とともに，ϕの正方向に回転する円形回転磁界となることが理解できよう．

この場合，もし，2組のコイルの電流の最大値が異なったり，電流の位相差が$\pi/2$〔rad〕にならない場合は**だ円回転磁界**となり，不完全ながらも回転磁界を形成することになり，トルクを発生することになる．

このように，単相巻線に直角にもう1組の巻線（**補助コイル**または始動時のみ使用する場合は**始動コイル**ともいう）を設けることにより，単相誘導モータは，不完全ながら二相誘導モータとしての始動トルクを発生させることができる．補助コイルを有する場合の単相巻線を**主コイル**といい，運転時は主コイルのみで動作させる純単相運転の場合も多い．

単相誘導モータは，始動方法の工夫により分類されるので，代表的なものについて調べてみることにしよう．

⑭ 単相誘導モータにはどんな種類があるか

［1］ 抵抗分相始動形単相誘導モータ

固定子には主コイルMと，主コイルと直角に，線径を細くして抵抗を大きくした，巻数の少ない補助コイルを施した構造のものである．始動時は，主コイルと補助コイルとの作用によって，だ円回転磁界を発生させ，加速後，電源より補助コイルを切り離し，主コイルのみで純単相誘導モータとして運転させるものである．補助コイルは抵抗が大きく，しかも巻数が少ないため，漏れリアクタンスは小さいので，電源電圧$\dot{V}$に対して補助コイル電流$\dot{I}_A$の位相の遅れ角は小さい．したがって，主コイル電流$\dot{I}_M$との位相差によってだ円回転磁界を生じ，始動トルクを発生する．回転数が同期速度の70～80％に達すると遠心力スイッチで補助コイルを開放する方法が多いが，主コイルの電流値を検出し，補助コイルを開放する方法も用いられる．構造が簡単で，安価であり，ボール盤，浅井戸ポンプ，事務機械などに用いられるが，一般に$\dot{I}_M$と$\dot{I}_A$との位相角が少ないので，始動トルクは小さい．

［2］ コンデンサ始動形単相誘導モータ

図5・18(a) に示すように，主コイルMと主コイルと直角に補助コイルを施し，補助コイル回路に始動用コンデンサC_Sを挿入した構造のものである．同図 (b)

に示すように，主コイルの電流i_Mと補助コイルの電流i_Aとの位相差はコンデンサ容量により変えることができ，適当なC_Sの値を選定すれば，二相誘導モータとほぼ同様な状態で始動することができる．したがって，比較的始動電流が少なく，始動トルクも大きいが，同図 (c) に示すように，運転時は補助コイルを開放するので，抵抗分相始動形と同じように，純単相誘導モータとして動作する．

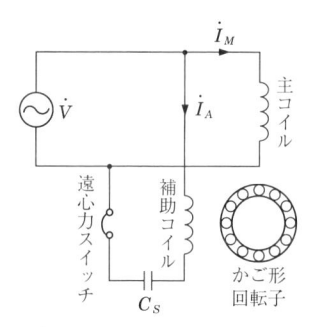

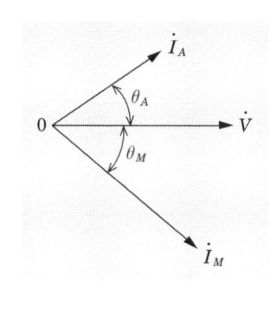

(a) 固定子コイルの接続図
(b) 始動時の電流ベクトル
(c) 滑り-トルク特性

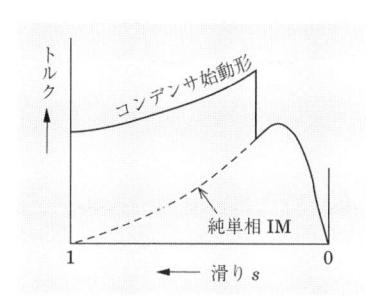

図 5・18 コンデンサ始動形単相誘導モータ

[3] コンデンサモータ

運転中もコンデンサを接続したままの単相誘導モータを，単にコンデンサモータというが，この場合のコンデンサC_Rの値は，始動用のC_Sより著しく小さいのが一般的であり，始動トルクは小さいが，運転時の効率，力率ともに単相誘導モータとして最も良好な特性を有しているので，ファン負荷全般，洗濯機など広い範囲で使用されている．

コンデンサ始動形とコンデンサモータとの特性を生かすため，補助コイル回路

に容量の異なる二つのコンデンサ（C_SとC_R）を並列に挿入し，運転時はC_Sを開放する方法もあり，これを**コンデンサ始動コンデンサ誘導モータ**という．始動トルクも大きく，運転時の特性も良好であり，ポンプ，コンプレッサなどに使用されるが，最も高価となる．

[4] くま取りコイル形単相誘導モータ

このモータは，**図5・19**(a) に示すように，固定子コイルを磁極鉄心に集中して巻き，磁極を主磁極とくま取り磁極に分割した固定子と，かご形回転子から構成されている．くま取り磁極に巻いた短絡コイルを**くま取りコイル**という．同図(b) のベクトル図に示すように，一次コイルのつくる磁束$\dot{\Phi}$のうち，くま取りコイル部分を通る磁束$\dot{\Phi}_2$により，くま取りコイルに誘導起電力$\dot{E}_2$を生じ，電流$\dot{I}_S$が流れる．この$\dot{I}_S$によって生じる磁束$\dot{\Phi}_S$と$\dot{\Phi}_2$とのベクトル和が実際にくま取り磁極を通る磁束となり，主磁極の磁束$\dot{\Phi}_1$との間で位相差φを生じる．これは空間的に位置を隔てた二つのコイルに位相の異なった電流を流したのと同じ効果となり，かご形回転子が回転するのである．このような磁界は，**移動磁界**といわれるが，だ円回転磁界と同じ作用をすると考えることができる．

くま取りコイル形単相誘導モータ（単に，**くま取りモータ**ともいう）は，出力

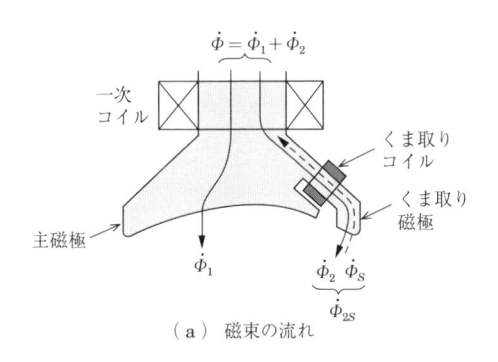

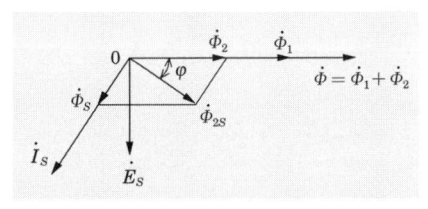

（a）磁束の流れ

（b）ベクトル図

図5・19 くま取りコイル形単相誘導モータ

25 W程度の小容量のものが多く，構造が簡単で安価であるので，事務機器，コンピュータ周辺機器，各種測定器などの内部冷却ファンとして利用されることが多い．

演習問題

問1 極数，周波数が下表の条件のときの同期速度N_s〔min^{-1}〕を求めよ．

極数，周波数と同期速度との関係

周波数f〔Hz〕 \ 極数	2	4	6	12	48
50					
60					
200					

問2 三相，4極，220V，1.5 kWの定格を有する誘導モータが60 Hzで運転しているとき，固定子巻線（Y結線）の線間誘導起電力E_l〔V〕を求めよ．ただし，毎極，毎相の直列巻数は96回，毎極の磁束は4.8 mWb，巻線係数は0.942である．

問3 ある三相誘導モータの定数決定試験結果は以下のようであった．このモータの等価回路定数を簡易的な方法を用いて求めよ．ただし，固定子巻線はY結線で，絶縁階級はE種絶縁（基準巻線温度：75℃），機械損は250 W（三相全体）である．

抵抗測定試験：$R_0 = 0.350$ Ω（$t = 20$℃）

拘束試験：$V_{st} = 48.0$ V（線間電圧），$I_s = 32.0$ A，$P_s = 1\,000$ W（三相全体）

無負荷試験：$V_{1t} = 220$ V（線間電圧），$I_0 = 12.5$ A，$P_0 = 500$ W（三相全体）

問4 三相，4極，200 V，60 Hzの誘導モータが$1\,755$ min^{-1}で回転しているとき，入力電力33.0 kW，入力電流110 Aであった．このモータの固定子巻線抵抗は1相当り0.02 Ωで，鉄損は1.2 kW，機械損は0.8 kWであるという．力率p_f〔%〕，同期速度N_s〔min^{-1}〕，滑りs〔%〕，一次銅損P_{c1}〔kW〕，二次入力P_{o2}〔kW〕，機械的出力P_2〔kW〕，軸出力P_{20}〔kW〕，効率η〔%〕を求めよ．

問5 三相，4極，200 V，60 Hzの誘導モータの諸定数は，$r_1 = 0.5$ Ω，$x_1 = x_2' = 1.0$ Ω，$r_2' = 0.5$ Ω，$r_i = 1.0$ Ω，$x_m = 20.0$ Ωであるという．このモータが$1\,710$ min^{-1}で回転しているとき，T形等価回路を用いて入力電流I_1〔A〕，入力P_1〔kW〕，トルクT〔N·m〕，効率η〔%〕を求めよ．ただし，機械損は0.04 kWである．

問6 前問の諸定数を有する誘導モータの始動電流I_{1st}〔A〕および始動トルクT_{st}〔N·m〕

を求めよ．

問7 三相, 4極, 3 300 V, 200 kWの定格を有する誘導モータが定格運転状態でポンプを駆動しているとき, モータの効率 $\eta_M = 90\%$, 力率 $p_f = 88\%$, ポンプの効率 $\eta_p = 93\%$ であるという. このモータの入力電力 P_M〔kW〕および入力電流 I_M〔A〕を求めよ．

問8 単相, 4極, 100 V, 200 Wの誘導モータが定格負荷で運転しているとき, 入力電流 $I_{1\,(1)} = 3.50$ A, 力率 $p_{f(1)} = 85\%$ であるという. 効率 $\eta_{(1)}$ を求めよ. また, このモータを1/2負荷としたときの入力電流 $I_{1\,(1/2)} = 2.30$ A, 損失 $P_{L\,(1/2)} = 56.4$ W になったという. 1/2負荷時の力率 $p_{f(1/2)}$〔%〕と効率 $\eta_{(1/2)}$〔%〕を求めよ．

6章 同期モータはどんなモータか

　同期機は発電機およびモータとして広く使用されている．電力会社などで使用される発電機のほとんどは同期発電機である．また，永久磁石を用いたPM同期モータは，誘導モータに比較して高効率なモータとして位置づけられ，さらにインバータと組み合わせてブラシレスモータとして使用される．本章では，これらのしくみ，特性，さらにそのコントロール法について調べよう．

1 同期機を理解しよう

　図6・1は三相同期機の構造で，発電機およびモータとして働く．固定子には2章図2・11に示したようにU，V，W相の3相の電機子巻線が施されており，回転子には，界磁巻線があり，界磁電流 I_f により直流電磁石をつくっている．

図6・1　三相同期機の構造

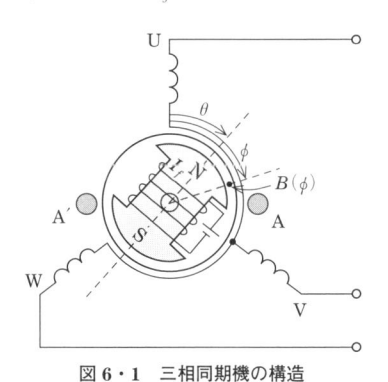

　図6・2(a)は，図6・1の回転子位置角 θ が0の場合の界磁磁束によるギャップの磁束密度分布を表している．U相巻線からの角度を ϕ と定義すると，界磁磁束密度分布 $B(\phi)$ は，B_m を磁束密度最大値として

$$B(\phi) = B_m \cos \phi \qquad (6・1)$$

と記せる．同図(b)は，$\theta = \pi/6$ の界磁磁束密度分布であり，一般に回転子位置角 θ における界磁磁束分布密度 B は

(a) $\theta = 0$ (b) $\theta = \pi/6$

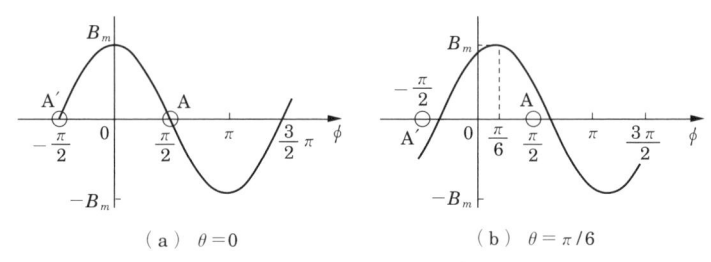

図6・2 界磁磁束密度分布

$$B(\phi, \theta) = B_m \cos(\phi - \theta) \tag{6・2}$$

と記せる．U相巻線AA′と鎖交する界磁磁束 ϕ_U は，式 (6・2) より

$$\phi_U = \int_{-\frac{\pi}{2}}^{\frac{\pi}{2}} B(\phi, \theta) r_g l d\phi = 2 B_m r_g l \cos\theta \tag{6・3}$$

と得られる．ただし，r_g は回転子の中心からギャップまでの半径，l はコイル辺の長さ（奥行き）である．

各巻線の巻数を N 回とし，回転子角速度を $\omega(=d\theta/dt = 2\pi f)$ とすれば，U相巻線の誘導起電力 e_U は

$$\begin{aligned} e_U &= N\frac{d\phi_U}{dt} = -2B_m r_g l N\omega \sin\theta \\ &= \sqrt{2}\, E_a \cos(\theta + \pi/2) \end{aligned} \tag{6・4}$$

と記せ，式 (6・3) の磁束 ϕ_U に対して，$\pi/2$ 進み，その実効値 E_a は，1磁極当りの界磁磁束 $\Phi(=2B_m r_g l)$ を用いて

$$E_a = \frac{2}{\sqrt{2}} B_m r_g l N\omega = \frac{\Phi}{\sqrt{2}} N\omega = 4.44 N f \Phi \tag{6・5}$$

と表される．同様にV，W相巻線の誘導起電力 e_V, e_W は，次式で記せる．

$$e_V = \sqrt{2}\, E_a \cos\{(\theta + \pi/2) - 2\pi/3\} \tag{6・6}$$

$$e_W = \sqrt{2}\, E_a \cos\{(\theta + \pi/2) - 4\pi/3\} \tag{6・7}$$

機械的入力により回転子を回転させれば，式 (6・4)，(6・6)，(6・7) のように，電圧の大きさと周波数がそれぞれ回転速度 ω に比例した対称三相電圧が得られる．これが，同期発電機の原理である．

一方，同期機をモータとして用いる場合には，**図6・3**に示すように電機子巻線U，V，Wに対称三相正弦波電源を接続し，すでに5章で述べたように電機子電流により回転磁界をつくる．図6・3のように界磁磁束の磁極N，Sと電機子の回

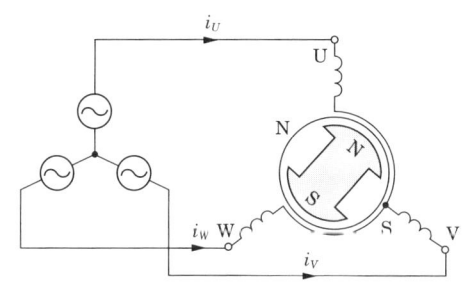

図6・3　同期モータのしくみ

転磁界の磁極N, Sとの吸引および反発力により，回転磁界と同じ速度で回転子磁極が回転する．これが同期モータのしくみである．

② 同期機の分類

　同期機は回転子構造から図6・1に示すように回転子を界磁とする**回転界磁形**と図**6・4**に示すように回転子を電機子とする**回転電機子形**の2種類に分けられる．ほとんどの同期機は回転界磁形である．この理由は，中性点を含めると4本の導線が必要になる電機子に対して，界磁は2本の導線により電力供給でき，電力容量も小さく，回転子に簡単に電力供給しやすいためである．**図6・5**は回転界磁形同期機の界磁に電力を送る方法を示したものである．界磁の電力は，直流電源からブラシと，回転子とともに回転するスリップリングを介して界磁巻線に送られる．このように直流電源を用いて界磁磁束をつくる場合には，スリップリングとブラシの機械的な接触があり，このメンテナンスが必要となる．同期モータでは，この機械的接触部をなくすために，最近の高磁束密度を有する永久磁石を界磁に

図6・4　回転電機子形同期機

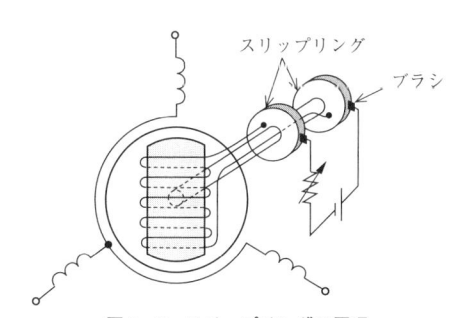

図6・5　スリップリングの原理

③ 同期機の等価回路を理解しよう

　同期機の等価回路を導き，同期機の電圧と電流の関係を理解しよう．また，等価回路定数の求め方についても学ぶ．

[1]　有効・相互インダクタンス

　図6・6は，図6・1のU相コイルAA′に電流i_Uを流したときのi_Uによりつくられるギャップ中の有効磁束の磁束密度分布を示したもので，最大値B_aの正弦波分布が得られたとしよう．この図をもとに巻線の有効インダクタンス，相互インダクタンスを導出する．このとき，U相の有効磁束ϕ_{UU}は

$$\phi_{UU} = \int_{-\frac{\pi}{2}}^{\frac{\pi}{2}} B_a \cos\phi\, r_g l\, d\phi$$
$$= 2B_a r_g l \tag{6・8}$$

と得られ，U相の有効インダクタンスL_0は

$$L_0 = \frac{N\phi_{UU}}{i_U} = \frac{2B_a r_g l N}{i_U} \tag{6・9}$$

と求まる．一方，ϕ_{UU}のうち，V相巻線BB′に鎖交する磁束ϕ_{UV}は

$$\phi_{UV} = \int_{\frac{\pi}{6}}^{\frac{7\pi}{6}} B_a \cos\phi\, r_g l\, d\phi$$
$$= -B_a r_g l \tag{6・10}$$

と得られ，U, V相間の相互インダクタンスMは

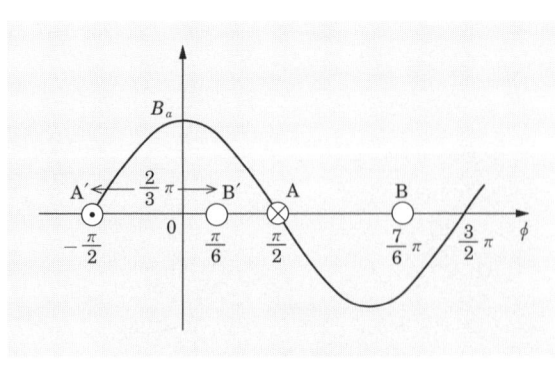

図6・6　電機子電流による磁束密度分布

$$M = \frac{N\phi_{UV}}{i_U} = -\frac{B_a r_g l N}{i_U} = -\frac{1}{2}L_0 \tag{6・11}$$

と求まる．ここでは，有効磁束のみを扱ったが，実際にはU相巻線のみに鎖交する漏れ磁束があり，これによる漏れインダクタンスlが存在する．

[2] 同期発電機の1相分等価回路

図 **6・7** に平衡三相負荷時の定常状態における同期発電機の等価回路を示す．$\dot{E}_U$, $\dot{E}_V$, $\dot{E}_W$ は式 (6・4), (6・6), (6・7) に示した誘導起電力で

$$\dot{E}_U = E_a, \qquad \dot{E}_V = E_a \varepsilon^{-j\frac{2}{3}\pi}, \qquad \dot{E}_W = E_a \varepsilon^{-j\frac{4}{3}\pi} \tag{6・12}$$

である．$x_0 (= \omega L_0)$ は有効リアクタンスであり，式 (6・11) の関係から相互リアクタンスは $-x_0/2 (= -\omega L_0/2)$ と記している．また，$x (= \omega l)$ は漏れリアクタンスで，r は電機子巻線抵抗である．

U, V, W相の電流をそれぞれ $\dot{I}_U$, $\dot{I}_V$, $\dot{I}_W$, U相端子電圧を $\dot{V}_U$ として，図の点線で示す中性点を基準にU相の電圧方程式を立てると

$$\dot{E}_U = (r+jx)\dot{I}_U + jx_0 \dot{I}_U - j\frac{x_0}{2}\dot{I}_V - j\frac{x_0}{2}\dot{I}_W + \dot{V}_U \tag{6・13}$$

が得られる．電流 $\dot{I}_U$, $\dot{I}_V$, $\dot{I}_W$ は平衡三相交流であるから，式 (6・12) の誘導起電力との位相差 ϕ_0 を用いて

$$\dot{I}_U = I_a \varepsilon^{j(-\phi_0)}, \qquad \dot{I}_V = I_a \varepsilon^{j(-\phi_0 - 2\pi/3)}, \qquad \dot{I}_W = I_a \varepsilon^{j(-\phi_0 - 4\pi/3)} \tag{6・14}$$

と記せる．また，U相端子電圧 $\dot{V}_U = \dot{V}_a$ と表し，式 (6・12), (6・14) を式 (6・13) に代入すると，1相分の電圧方程式が

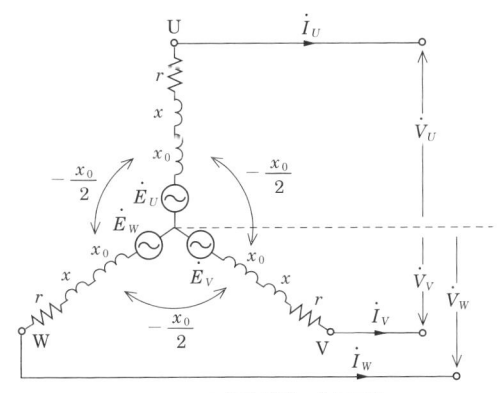

図 **6・7** 同期発電機の等価回路

$$\dot{E}_a = \left\{r + j\left(x + \frac{3}{2}x_0\right)\right\}\dot{I}_a + \dot{V}_a$$
$$= (r + jx_s)\dot{I}_a + \dot{V}_a \tag{6・15}$$

と得られる．ここで，$x_s = x + \frac{3}{2}x_0$ を**同期リアクタンス**，また，同期リアクタンス x_s と電機子巻線抵抗 r を合わせた $\dot{Z}_s (= r + jx_s)$ を**同期インピーダンス**とそれぞれ呼んでいる．

図 **6・8**(a) は式 (6・15) 式に基づいた同期発電機の1相分の等価回路である．この等価回路をもとに，負荷力率 $\cos\varphi$ の平衡三相負荷を接続した場合のベクトル図を同図 (b) に示す．ここで，誘導起電力 $\dot{E}_a$ と端子電圧 $\dot{V}_a$ との位相差 δ は**負荷角**または**内部相差角**と呼ばれる．

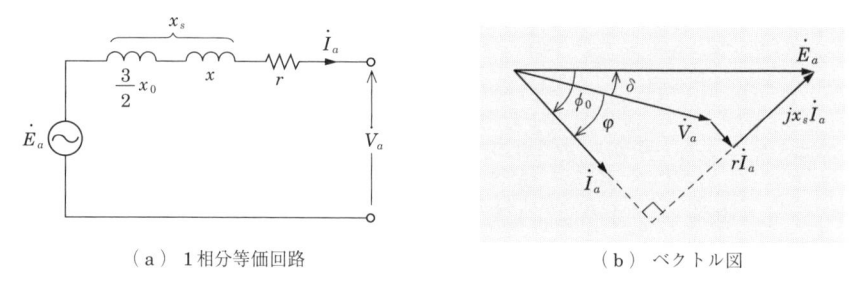

(a) 1相分等価回路　　　　(b) ベクトル図

図 6・8　同期機の1相分等価回路とベクトル図

[3]　回路パラメータの求め方

図 6・8 の等価回路において，誘導起電力 $\dot{E}_a$ の大きさ，同期インピーダンス $\dot{Z}_s = r + jx_s$ の求め方について考えよう．

巻線抵抗 r を求めるには，停止している同期機の各相端子間でホイートストンブリッジなどで得られる2相分の直列抵抗値を 1/2 倍し，その値を式 (4・33) により基準温度へ補正する．

各相端子を開放した無負荷状態の同期発電機を，原動機などを用いて定格速度で運転し，界磁電流を0から順次増加させたときの界磁電流 I_f と端子間電圧 V_0 の関係を測定する．この特性は**無負荷飽和曲線**とよばれ，**図 6・9** に示すように I_f の増加に伴って磁気飽和の影響を受け，V_0 は飽和特性を示す．ここで，定格電圧 V_n が得られるときの界磁電流を I_{f0} としている．この無負荷飽和曲線より I_f に対する誘導起電力の大きさ $E_a (= V_0/\sqrt{3})$ がわかる．

次に，各相出力端子を短絡した状態で，同期発電機を定格速度で運転し，界磁

電流I_fを0から順次増加させたときのI_fと線電流（短絡電流）I_sの関係を測定する．この特性は**三相短絡曲線**とよばれ，図6·9に示すようにほぼ直線の特性が得られる．ここで，定格電流I_nが得られるときの界磁電流をI_{fs}としている．また，界磁電流I_{f0}における短絡電流をI_{sn}とする．

同期インピーダンスの大きさZ_sは，図6·8(a)の等価回路において出力短絡したときの誘導起電力$E_a(=V_0/\sqrt{3})$と短絡電流I_sから

$$Z_s = E_a/I_s \tag{6·16}$$

と得られる．この同期インピーダンスZ_sは，図6·9に示すように界磁電流I_fにより変化するので，通常同期インピーダンスは，定格相電圧$E_n(=V_n/\sqrt{3})$のときの値で代表して，$Z_s=E_n/I_{sn}$で求める．また，同期リアクタンスx_sは，すでに計測された巻線抵抗rを用いて

$$x_s = \sqrt{Z_s^2 - r^2} \tag{6·17}$$

と得られる．

同期インピーダンスを，定格相電圧E_nに対する定格電流時のインピーダンス電圧降下Z_sI_nの割合Z_s'

$$Z_s' = \frac{Z_sI_n}{E_n} \times 100 \; [\%] \tag{6·18}$$

として表すことがあり，これを**百分率同期インピーダンス**と呼ぶ．

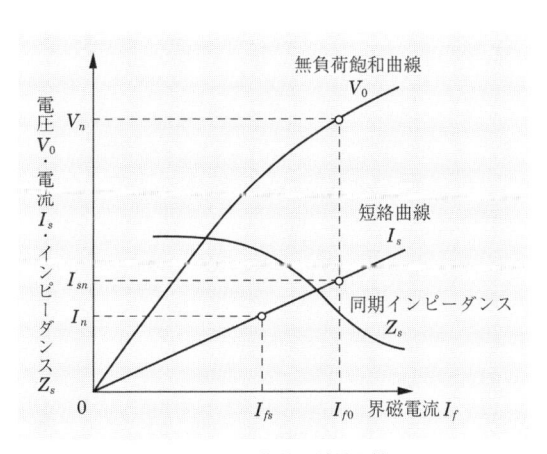

図6·9 同期機の特性曲線

[4] 短絡比と同期インピーダンス

図6・9において，無負荷飽和曲線で定格電圧V_nを得るための界磁電流I_{f0}と短絡曲線で定格電流I_nを得るための界磁電流I_{fs}との比K_s

$$K_s = I_{f0}/I_{fs} \qquad (6・19)$$

を**短絡比**とよぶ．

例題1 百分率同期インピーダンス$Z_s{'}$を短絡比K_sを用いて表し，$Z_s{'}$とK_sの関係を明らかにせよ．

[解答] 式(6・18)の百分率同期インピーダンス$Z_s{'}$を図6・9における関係を用いて変形すると

$$Z_s{'} = \frac{Z_s I_n}{E_n} \times 100 = \frac{E_n/I_{sn}}{E_n} I_n \times 100 = \frac{I_n}{I_{sn}} \times 100$$
$$= \frac{I_{fs}}{I_{f0}} \times 100 = \frac{1}{K_s} \times 100 \ [\%] \qquad (6・20)$$

と得られ，$Z_s{'}$は短絡比K_sに反比例する．

この例題から明らかなように，短絡比の小さい機械ほど$Z_s{'}$が大きく，同期インピーダンスによる電圧降下$\dot{Z}_s \dot{I}_a$の影響を受け，出力電圧$\dot{V}_a$が変化しやすい．これに対し，短絡比の大きい機械ほど，電機子電流$\dot{I}_a$の変化に対する出力電圧の変化は小さい．

④ 同期発電機の電圧はどのように変化するか

一般的に同期発電機の出力電圧は，負荷状態が変化しても一定値であることが望まれるが，実際には負荷状態の変化により，出力電圧も変化する．この出力電圧の変化の大きさがどのように決まるかを理解しよう．

[1] 負荷力率により変化する出力電圧

同期発電機の回転数および界磁電流を一定値として，誘導起電力$\dot{E}_a$を一定に保ったとしても，**図6・10**に示すように負荷電流の大きさI_aと力率によって，端子電圧V_aは変化する．遅れ力率負荷では負荷電流I_aの増加とともにV_aは低下し，逆に進み力率負荷ではI_aの増加とともにV_aは上昇する．このことを**図6・11**に示す巻線抵抗rを無視したベクトル図で考察する．同図(a)は力率角$\varphi \approx -\pi/2$の

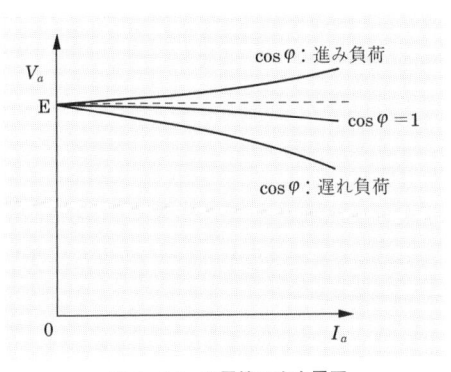

図6・10 発電機の出力電圧

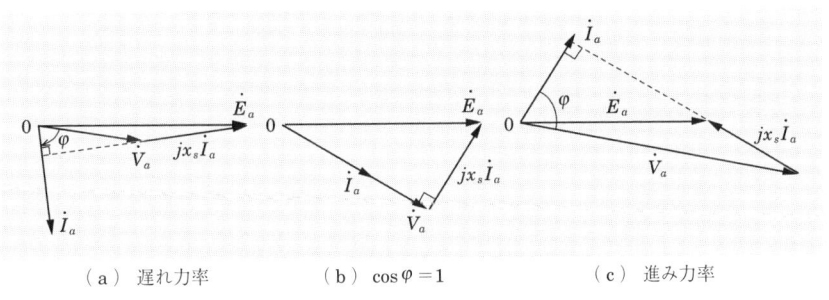

図6・11 負荷力率による出力電圧の変化

遅れ力率負荷の場合であり，$V_a \simeq E_a - x_s I_a$ となり，発電機出力電圧 V_a は E_a に対して小さくなる．図(b)は力率1の場合であり，$\dot{V}_a$ と $jx_s \dot{I}_a$ は直交しており，$V_a = \sqrt{E_a^2 - (x_s I_a)^2}$ の関係が得られる．百分率同期インピーダンス $Z_s{}'$ が小さい同期機では $E_a{}^2 \gg (x_s I_a)^2$ の関係が成り立ち，$V_a \simeq E_a$ となり，発電機出力電圧 V_a は E_a とほぼ等しくなる．図(c)は力率角 $\varphi \simeq \pi/2$ の進み力率の場合であり，$V_a \simeq E_a + x_s I_a$ となり，V_a は E_a に対して大きくなる．発電機では，一定値の V_a が望まれ，一定の出力電圧を得るためには負荷電流と力率に応じて界磁電流を調整する必要がある．

[2] 電圧変動率

　発電機の回転速度，界磁電流が一定であっても，すでに説明したように出力電圧 V_a は変化する．この変化の割合を知る目安として，定格力率で定格出力時の定格相電圧 E_n に対する無負荷時の1相当りの誘導起電力 E_0 の変化割合を電圧変

動率 ε として

$$\varepsilon = \frac{E_0 - E_n}{E_n} \times 100 \ [\%] \tag{6・21}$$

と定義する．

図6・8 (b) において $\dot{V}_a = \dot{E}_n$, $\dot{I}_a = \dot{I}_n$ として定格時のベクトル図を考えると

$$E_0{}^2 = (E_n \cos\varphi + rI_n)^2 + (E_n \sin\varphi + x_s I_n)^2$$

より

$$E_0 = \sqrt{E_n{}^2 + 2E_n I_n Z_s \cos(\varphi - \alpha) + Z_s{}^2 I_n{}^2} \tag{6・22}$$

と得られる．ここで，$\alpha = \tan^{-1}(x_s/r)$ である．式 (6・22) を用いれば，実機の負荷試験を行うことなく，電圧変動率を算定できる．この算定法を**起電力法**とよぶ．

⑤ 負荷角と出力の関係を理解しよう

負荷角と出力の関係の導出を簡単にするために，式 (6・15) で巻線抵抗 r を無視した次式の電圧方程式で考えよう．

$$\dot{E}_a = jx_s \dot{I}_a + \dot{V}_a \tag{6・23}$$

図6・12は，式 (6・23) の端子電圧 $\dot{V}_a$ を基準としたベクトル図で，同図より同期発電機の入力 P_{in} は，発電機の機械入力が損失なく電気入力に変換されたとすれば

$$P_{in} = 3E_a I_a \cos(\delta + \varphi) \tag{6・24}$$

と記せる．一方，発電機出力 P_{out} は

$$P_{out} = 3V_a I_a \cos\varphi \tag{6・25}$$

と記せる．また，同図のベクトル図から

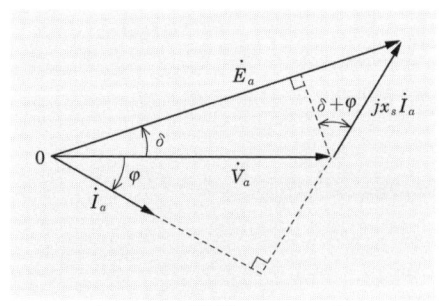

図6・12 発電機のベクトル図

$$V_a \cos\delta = E_a - x_s I_a \sin(\delta+\varphi) \tag{6・26}$$
$$V_a \sin\delta = x_s I_a \cos(\delta+\varphi) \tag{6・27}$$

の関係が得られる．式 (6・26)，(6・27) を用いて式 (6・24)，(6・25) の P_{in}，P_{out} を変形すると

$$P_{out} = P_{in} = 3\frac{V_a E_a}{x_s}\sin\delta \tag{6・28}$$

が得られる．ここで，入力 P_{in} と出力 P_{out} が一致するのは，巻線抵抗 r を無視したことにより，損失が発生しないためである．

界磁電流 I_f および，誘導起電力 E_a を一定値とし，また，端子電圧 V_a が一定値であれば出力 P_{out} は $\sin\delta$ に比例し，この関係を図に表すと**図 6・13** が得られる．同図より負荷角 δ が $0 < \delta < \pi$ の範囲で $P_{out} > 0$ となり，発電機として動作し，$-\pi < \delta < 0$ の範囲では $P_{out} < 0$ となり，モータとして動作することがわかる．

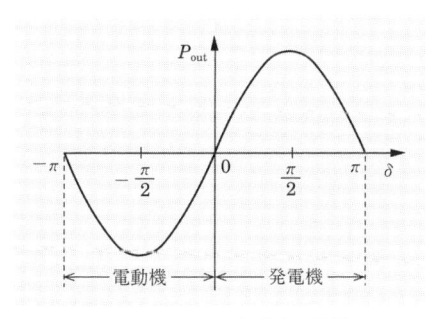

図 6・13 出力と負荷角の関係

⑥ 同期モータのベクトル図を理解しよう

図6・13に示したようにモータ運転時には，出力 P_{out} は負になる．すなわち，**図 6・14** (a) のベクトル図に示すように $\dot{V}_a$ と $\dot{I}_a$ の力率角 φ は $\pi/2$ より大きくなり，ベクトル図が複雑になる．そこで，モータ動作時のベクトル図の理解を簡単にするために，同図 (b) に示すように発電機時と電流方向を逆にして，$\dot{I}_m = -\dot{I}_a$ と定義すると，式 (6・15) の1相分の電圧方程式は

$$\dot{V}_a = (r + jx_s)\dot{I}_m + \dot{E}_a \tag{6・29}$$

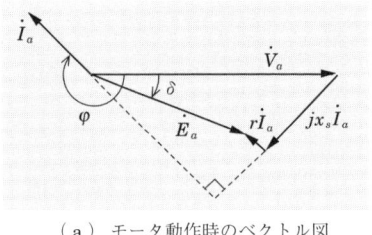

(a) モータ動作時のベクトル図 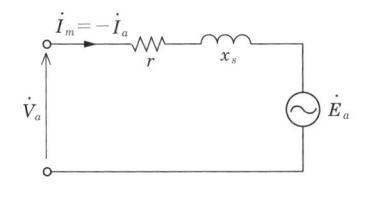　　(b) モータの等価回路

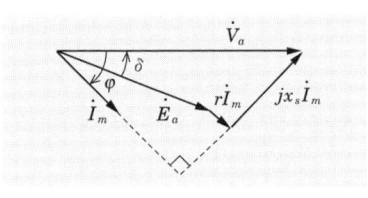

(c) モータのベクトル図
図6・14 同期電動機の等価回路とベクトル図

と記せ，図6・14（c）のモータのベクトル図が得られる．電流符号の変更に伴って負荷角δの符号も変えている．

同期モータの電圧，電流関係の説明を簡単にするために巻線抵抗rを無視すると，式（6・29）は

$$\frac{\dot{V}_a}{jx_s} = \dot{I}_m + \frac{\dot{E}_a}{jx_s} \tag{6・30}$$

と変形でき，**図6・15**のベクトル図が得られる．一方，モータの入力P_{in}，出力P_{out}は，式（6・28）と同様に

$$P_{out} = P_{in} = 3\frac{V_a E_a}{x_s}\sin\delta \tag{6・31}$$

と記せるので，V_aが一定値の場合，界磁電流I_fや出力P_{out}の変化に対して，電機子電流$\dot{I}_m$は以下のように変化する．

① V_a＝一定，I_f＝一定で出力P_{out}（負荷）が変化した場合，図6・15で$\dot{V}_a$および$\dot{V}_a/jx_s$は固定され，また，I_fが一定値であるからE_aの大きさも固定される．したがって，負荷の変化により，電流ベクトル$\dot{I}_m$の先端P点は，円弧RPT上を移動する．同図の$\overline{\mathrm{OA}}$が

$$\overline{\mathrm{OA}} = \overline{\mathrm{PQ}}\sin\delta = \frac{E_a}{x_s}\sin\delta \propto P_{out} \tag{6・32}$$

と記せることから，$P_{out}=0$であればP点はR点に一致し，P_{out}の上昇とともにP

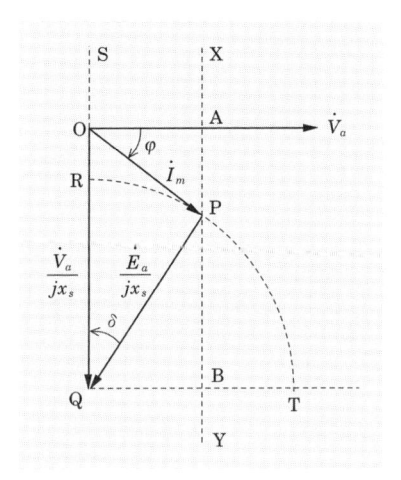

図6・15 同期モータのベクトルの軌跡

点はT点に向かって移動する．

② V_a＝一定，P_{out}＝一定でI_fを変化させた場合，図6・15で$\dot{V}_a$および$\dot{V}_a/jx_s$は固定され，P_{out}が一定であるから式（6・32）の$\overline{OA}$は一定値となる．したがって，電流ベクトル$\dot{I}_m$の先端P点は，XYの破線上を移動する．I_fの増加とともにE_aは大きくなり，P点はB点からA，X方向に移動する．P点がA点と一致したときには力率角 $\varphi = 0$ となり，$\dot{V}_a$と$\dot{I}_m$が同相となりI_mは最小になる．

②の特性についてもう少し詳しくみると，最も小さいE_a/x_sの大きさは，P点がB点に移動したときで，$\delta = \pi/2$の状態である．I_fを増加するに従ってE_a/x_sも大きくなり，P点はB点から，A点方向に移動する．P点がA点に達するまでは，力率$\cos\varphi$は遅れ力率となる．P点がA点に達した時点で，$\cos\varphi = 1$となり，I_mは最小となる．さらにI_fを大きくしていくと，P点はX点側に移動し，$\cos\varphi$は進み力率となり，I_mも大きくなる．このときI_fとI_mの関係は**図6・16**のように得られ，この特性を同期モータの位相特性曲線，またはその形から**V曲線**と呼ぶ．この特性で特に$P_{out} = 0$のときには，図6・16でI_mは，界磁電流I_fの増加とともにQOS上を移動し，QO間では遅れ，OS間では進みの無効電流がそれぞれ流れる．したがって，無負荷時の同期モータはI_fによる可変のインダクタンスやキャパシタンスとして働く．このように無効電力調整として同期モータを使用する場合には**同期調相機**という．

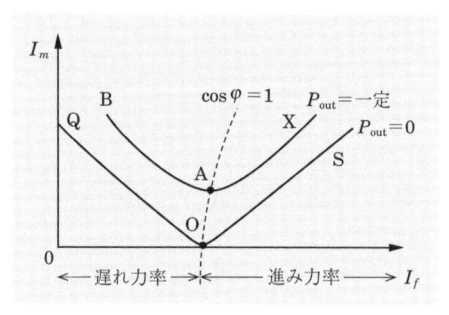

図 6・16　V曲線

⑦ 同期モータの始動はどうするか

停止している同期モータに 50 Hz や 60 Hz の三相交流電源を接続しても，モータを加速するためのトルクは発生せず，始動できない．これは同期速度で回転しているときのみトルクを発生し，停止している場合には，脈動トルクを発生するのみで，その平均トルクは 0 のためである．したがって，同期モータの始動には，いかにモータを加速し，同期速度にするかが重要となる．ここでは，代表的な同期モータの始動法について説明する．

回転界磁形同期モータの回転子には，界磁巻線とは別にかご形誘導モータと同様にかご形巻線が埋め込まれている．始動時には界磁巻線は開放した状態で，三相交流電圧を電機子に印加すると，かご形誘導モータとして回転子は加速する．滑り数パーセントの状態まで加速された時点で，界磁巻線に直流電流を流すと，界磁と回転磁界による脈動トルクが誘導モータのトルクに重畳され，同期モータはトルク増加時に加速され，同期速度に引き込まれる．同期速度状態となれば，すでに説明した誘導モータの原理から明らかなようにかご形巻線には電流は流れないので，かご形巻線は同期機の特性にはなんら影響を与えない．同期機の回転数が変化した場合にはかご形巻線に電流が流れ，かご形巻線は同期速度に戻すようにトルクを発生するので，このかご形巻線は**制動巻線**と呼ばれる．

⑧ 可変速制御のためのインバータとは

いままでの説明では，電源電圧はその大きさ，周波数がともに一定の場合を考

えたので，同期モータは電源周波数で決まる同期速度，すなわち，一定速度における回転状態を考えてきた．これに対し，同期モータを任意の速度で回転させるためには，任意の周波数と電圧を出力できる三相交流電源が必要になる．

図6・17 (a) は直流電源 V_{dc} から，任意の周波数と電圧の三相交流電圧をつくる

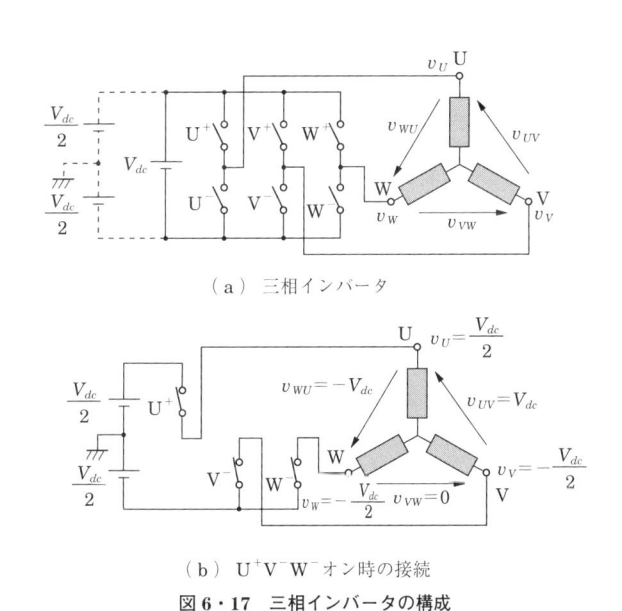

（a）三相インバータ

（b）$U^+V^-W^-$ オン時の接続

図6・17 三相インバータの構成

回路の原理図で**インバータ**と呼ばれる．インバータは各相とも二つのスイッチで構成され，U相を例にとると U^+ と U^- のスイッチのうち，常に片方がオン，もう片方がオフとして制御される．スイッチのオン状態と出力電圧との関係を理解するために，一例として U^+, V^-, W^- をオンした同図 (b) の接続状態において，出力電圧を調べてみよう．このとき，説明の簡単化のために，同図に示すように直流電圧 V_{dc} を $V_{dc}/2$ の2電源に分けると，その仮想的な中性点を基準とした各相電圧は，$v_U = V_{dc}/2$, $v_V = -V_{dc}/2$, $v_W = -V_{dc}/2$ と記せる．また線間電圧は，$v_{UV} = v_U - v_V = V_{dc}$, $v_{VW} = 0$, $v_{WU} = -V_{dc}$ と得られる．

図6・18 (a) はインバータの基本的なスイッチング制御法で，各相スイッチを180°通電する制御法である．横軸はインバータ出力周期を 2π とするインバータ電圧位相角 θ_V で示しており，各相スイッチの制御としては π ごとに＋と－を切り換えており，U相に対してV相は $2\pi/3$ 遅れ，さらにW相は $2\pi/3$ 遅れで動作させ

(a) 180°通電制御 (b) 電圧低減法

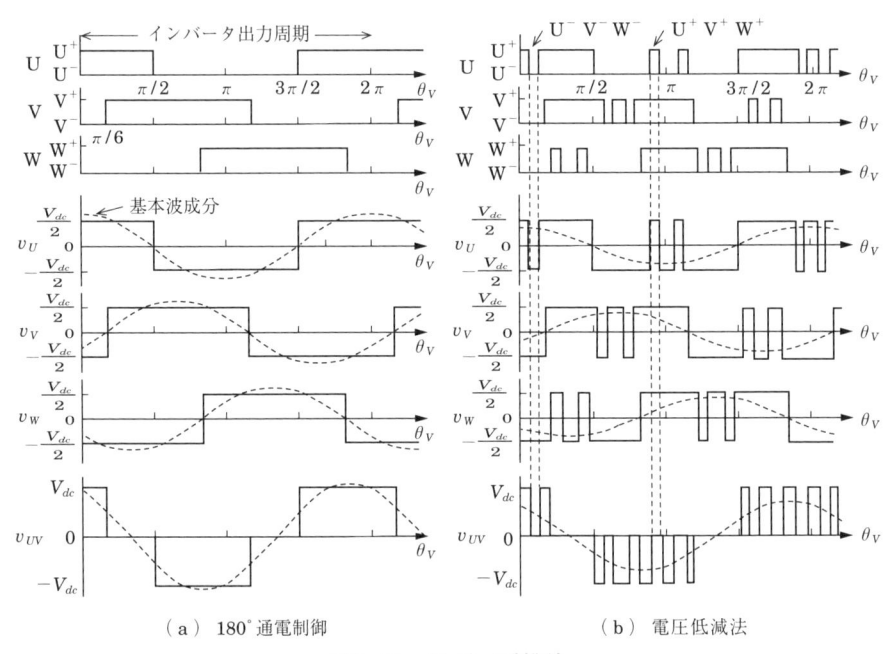

図6・18 インバータ制御法

ている．このとき，$0 \sim \pi/6$ 区間は図 6·17 (b) の接続となり，各相電圧はそれぞれ $v_U = V_{dc}/2$, $v_V = -V_{dc}/2$, $v_W = -V_{dc}/2$ となり，また，線間電圧 $v_{UV} = V_{dc}$ と得られる．他の区間も同様に考え，図 6·18 (a) に示すように方形波状の相電圧，線間電圧波形が得られる．

ところで，モータの運転特性は電圧の基本波成分が支配的となるので，ここでは，同図の波線で示す各電圧の基本波成分がどのように表せるかを考える．相電圧の基本波成分 v_{U1}, v_{V1}, v_{W1} は，図から明らかなように

$$\left.\begin{array}{l} v_{U_1} = \sqrt{2}\, V_1 \cos \theta_V \\ v_{V_1} = \sqrt{2}\, V_1 \cos(\theta_V - 2\pi/3) \\ v_{W_1} = \sqrt{2}\, V_1 \cos(\theta_V - 4\pi/3) \end{array}\right\} \quad (6\cdot 33)$$

と記せる．ここで，相電圧波高値 $\sqrt{2}\, V_1$ は，フーリエ級数の公式より

$$\sqrt{2}\, V_1 = \frac{1}{\pi} \int_0^{2\pi} v_U(\theta_V) \cos \theta_V d\theta_V = \frac{2}{\pi} V_{dc} \quad (6\cdot 34)$$

と与えられる．なお，線間電圧 v_{UV} の基本波成分 v_{UV_1} は，次式で得られる．

$$v_{UV_1} = v_{U_1} - v_{V_1} = \sqrt{6}\, V_1 \cos\left(\theta_v + \frac{\pi}{6}\right) \qquad (6 \cdot 35)$$

同期モータを任意の速度で回転させるためには，インバータ出力電圧の周波数と電圧を可変する必要があり，周波数の調整は図6・18(a)から明らかなようにインバータ出力周期を変えることにより実現できる．また，電圧の調整には，すべての＋側スイッチ U^+, V^+, W^+ をオンするパターン，またはすべての－側スイッチ U^-, V^-, W^- をオンするパターンが用いられる．これらパターン出力時には，線間電圧 v_{UV}, v_{VW}, v_{WU} はすべて0となり，出力電圧を低減できる．図6・18(b)は，$\pi/3$ ごとの区間において，すべての＋側または－側スイッチをオンするパターンを挿入した場合で，線間電圧 v_{UV} の波形より電圧の基本波成分が低減できていることがわかる．また，すべての＋側または－側スイッチをオンするパターンの出力時間の調整により任意の大きさの基本波電圧を出力できる．

⑨ ブラシレスモータのしくみと制御法を理解しよう

3章で学んだ直流モータでは，ブラシとコミュテータの機械的な接続の切り換りにより，電機子コイルに流れる電流方向を切り換えている．これにより，電機子コイルには交流電流が流れ，ブラシとコミュテータを用いて直流から交流への変換を機械的に行っている．機械的なブラシとコミュテータを取り除き，直流から交流への変換をインバータによる電子的な方法で実現するモータを**ブラシレスモータ**と呼び，界磁に永久磁石（Permanent Magnet）を用いた同期モータ（PM同期モータ）の応用として広く使用されている．このブラシレスモータのしくみと速度制御法を理解しよう．

[1] ブラシレスモータのしくみ

図6・19(a)はブラシレスモータのしくみで，DC電源，インバータ，PM同期モータ，回転子位置検出器より構成されている．いま，U相巻線を原点とした回転子位置 θ の検出器の構成として，同図に示すように回転子と同期して回転する遮光板と3個の静止した光電素子 P_u, P_v, P_w からなる検出器について説明する．光電素子の受光状態を＋，遮光板で隠された状態を－で表すと，図の状態の回転子位置角では，回転子のN極が①の範囲に存在し，$P_u = +$, $P_v = -$, $P_w = -$ と

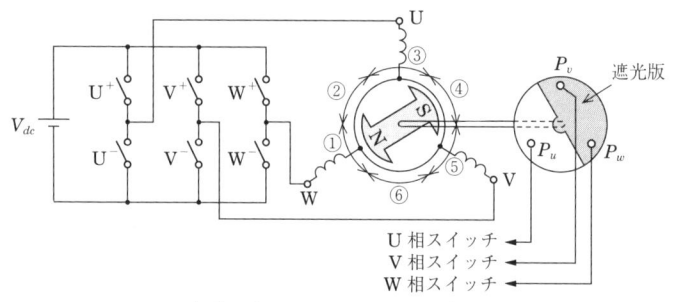

(a) ブラシレスモータのしくみ

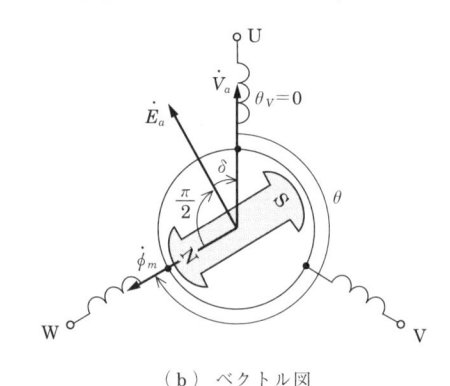

(b) ベクトル図

図 6・19 ブラシレスモータのしくみとベクトル図

表 6・1 回転子検出位置角とインバータ電圧位相角

検出位置角	P_u	P_v	P_w	θ_V	オンするスイッチ
①	+	−	−	$-\pi/6 \sim \pi/6$	U^+, V^-, W^-
②	+	+	−	$\pi/6 \sim \pi/2$	U^+, V^+, W^-
③	−	+	−	$\pi/2 \sim 5\pi/6$	U^-, V^+, W^-
④	−	+	+	$5\pi/6 \sim 7\pi/6$	U^-, V^+, W^+
⑤	−	−	+	$7\pi/6 \sim 3\pi/2$	U^-, V^-, W^+
⑥	+	−	+	$3\pi/2 \sim 11\pi/6$	U^+, V^-, W^+

検出される。表 6・1 に示すように光電素子 P_u, P_v, P_w の状態から回転子位置角 θ が①〜⑥のどの位置にあるかを検出できる。この検出された回転子位置角の領域①〜⑥に対して表 6・1 に示すようにインバータ電圧位相角 θ_V を対応させ、図 6・18 (a) の 180°通電制御法に基づいてインバータスイッチのオン、オフを切り換える。たとえば、回転子検出位置角①では表 6・1 に示すようにインバータ電圧位相角 $\theta_V = -\pi/6 \sim \pi/6$ を対応させ、U^+, V^-, W^- をオンし、②では $\theta_V =$

$\pi/6 \sim \pi/2$ を対応させ U^+, V^+, W^- をオンするように,順次位置角に応じてスイッチを切り換えていく.同表から明らかなように,P_u, P_v, P_w の+,−の状態が,それぞれインバータの各相の+,−スイッチのオン状態に対応しており,P_u, P_v, P_w を直接スイッチの信号として使用できる.

この制御により PM 同期モータが駆動されるしくみを,図 6·19 (b) の基本波成分のベクトル関係に基づいて考えてみよう.図 6·19 (b) の界磁磁束 $\dot{\phi}_m$ に対応する回転子位置角 θ は検出位置角 ① の中間地点 $\theta=4\pi/3$ である.式 (6·3) の界磁磁束と式 (6·4) の誘導起電力の関係から明らかなように磁束 $\dot{\phi}_m$ に対して誘導起電力 $\dot{E}_a$ は $\pi/2$ 進むので,誘導起電力 $\dot{E}_a$ の位相角は $(\theta+\pi/2)$ の方向となる.また,回転子位置角は①の中間地点に存在するので表 6·1 より,インバータ電圧位相角 θ_V は,$-\pi/6 \sim \pi/6$ の中間地点の $\theta_V=0\,(=2\pi)$ であり,端子電圧の基本波ベクトル $\dot{V}_a$ は U 相巻線方向となる.これより負荷角 δ は,$\delta=\theta_V-(\theta+\pi/2)=2\pi-(4\pi/3+\pi/2)=\pi/6$ となり,式 (6·31) から明らかなようにモータ出力 $P_{out}>0$ であり,P_{out} と負荷がつり合った速度でモータは安定に回転する.

[2] ブラシレスモータの速度制御法を考えよう

ブラシレスモータを指令速度どおりの速度に制御をするには,モータトルク τ を増減してモータ速度を調整する必要がある.トルク τ はモータの機械的出力 P_{out} と回転速度 ω を用いて $\tau=P_{out}/\omega$ と記せ,また,P_{out} は図 6·14 (c) に基づいて

$$P_{out}=3E_aI_m\cos(\varphi-\delta) \tag{6·36}$$

と表せる.式 (6·5),(6·36) を用いてトルク τ を求めると

$$\tau=\frac{P_{out}}{\omega}=\frac{3\Phi NI_m}{\sqrt{2}}\cos(\varphi-\delta) \tag{6·37}$$

と得られる.式 (6·37) で,$\cos(\varphi-\delta)$ を一定値に制御すると,3 章式 (3·9) の DC モータと同様に,トルク τ は電機子電流 I_m に比例する.ブラシレスモータでは,トルクと電流の比を最大とするために,一般的に $\varphi-\delta=0$ として,すなわち,

---

速度制御に用いられる PI 制御法

速度制御部の具体的な計算式を説明しよう.速度制御誤差 $\Delta\omega$ に対して比例項と積分項の和から電機子電流 I_m を決める次式の比例積分(PI)制御がよく用いられる.

$$I_m=K_P\Delta\omega+K_I\int\Delta\omega dt$$

ここで,K_P, K_I はそれぞれ**比例ゲイン**,**積分ゲイン**と呼ばれる定数である.

図6·14 (c) で誘導起電力 $\dot{E}_a$ と電流 $\dot{I}_m$ を同相, または界磁磁束 $\dot{\phi}_m$ の位相角 θ に対して $\dot{I}_m$ の位相角を $\theta+\pi/2$ と制御する. ブラシレスモータの指令トルク τ が与えられたとき, 指令値どおりのトルクを実現するには, 式 (6·37) で $\cos(\delta-\varphi)=1$ として電機子電流 I_m が決まり, 次式の各相電流 i_U, i_V, i_W を流せばよい.

$$\left.\begin{array}{l} i_U = \sqrt{2}\, I_m \cos(\theta+\pi/2) \\ i_V = \sqrt{2}\, I_m \cos(\theta-\pi/6) \\ i_W = \sqrt{2}\, I_m \cos(\theta-5\pi/6) \end{array}\right\} \qquad (6\cdot38)$$

図6·20は, 指令速度 ω^* どおりにモータ速度 ω を制御するためのブラシレスモータの速度制御システムの一例である. ブラシレスモータでは, 式 (6·38) に示すように, 界磁磁束 $\dot{\phi}_m$ の位相角である回転子位置角 θ に応じた電流を流す必要があり, その制御には位置検出器が必要である. この位置検出器としてレゾルバやエンコーダなどが用いられる. エンコーダやレゾルバでは, 回転子1回転の数百から数万分の1の精度で回転子位置角検出ができる. この検出位置角 θ の時間微分がモータ速度 ω となるが, 速度演算部では通常一定時間における回転子位置角 θ の差分により検出速度 ω を計算する. 指令速度 ω^* と検出速度 ω との差から速度制御誤差 $\Delta\omega$ が得られる. 速度制御部では, $\Delta\omega>0$ であれば, 速度 ω を上昇させるために, トルク, すなわち電機子電流 I_m を増加する. 逆に, $\Delta\omega<0$ であれば, モータを減速させるために電機子電流 I_m を減少する. 電流制御部では, 速度制御部から得られる電機子電流 I_m に対して, 式 (6·38) の各相電流 i_U, i_V, i_W が流れるようにインバータのスイッチを制御する. この結果, ブラシレスモー

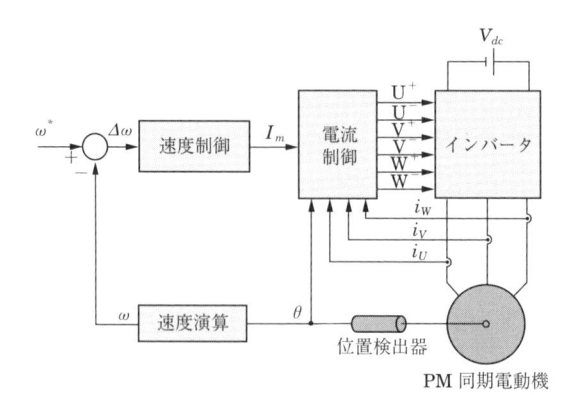

図6·20 ブラシレスモータの速度制御システム

タは指令速度どおりの速度に制御される．

⑩ ステッピングモータはどんなモータか

時計の秒針には連続的に動くものと1秒ごとに移動，停止をするものとがある．このように移動，停止をする動作を**歩進的動作**と呼び，ステッピングモータの特徴的な動作である．1回進む歩進角はモータの構造により決まり，このためステッピングモータではオープンループで位置制御ができる．

[1] VR形ステッピングモータ

図 6・21 ではVR（Variable Reluctance）形ステッピングモータのしくみである．回転子，固定子ともに突起の歯（突極）をもっており，固定子は3相の集中巻線が施され，スイッチS_1，S_2，S_3を介して直流電源V_{dc}に接続されている．回転子には巻線はなく，突極を有するだけの簡単な構造になっている．同図においてS_1をオンにすると，固定子の1，1′にそれぞれN，Sが生じ，回転子のV，V′がそれぞれ1，1′に引きつけられ図 6・22 (a) に示すように右に$\pi/6$回転する．スイッチS_1をオフし，S_2をオンすると，同図 (b) に示すようにさらに右に$\pi/6$回転する．スイッチS_2をオフし，S_3をオンすれば，同図 (c) に示すようにさらに右に$\pi/6$回転し，固定子と回転子の位置関係は図 6・21 と同

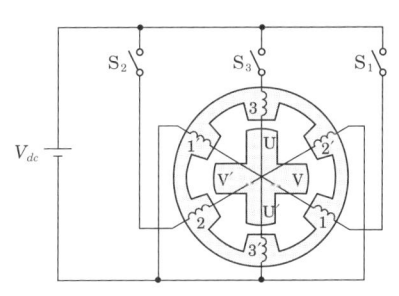

図 6・21 三相ユニポーラVR形ステッピングモータ

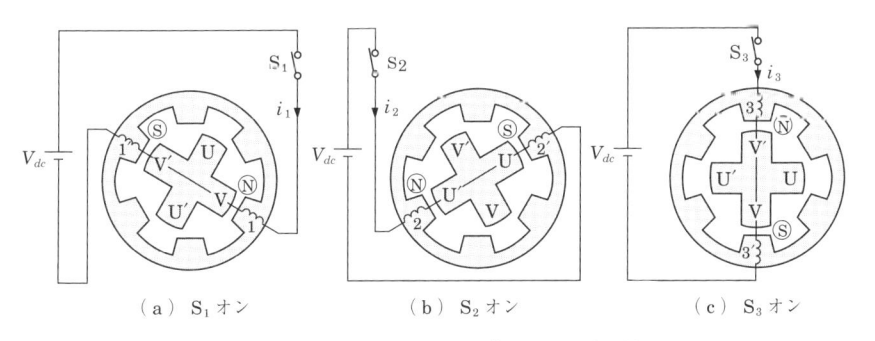

(a) S_1オン　　(b) S_2オン　　(c) S_3オン

図 6・22 VR形ステッピングモータの回転動作

じ状態となる．したがって，S_1, S_2, S_3 を順次オンオフすれば，回転子は右へ回転し続ける．なお，逆回転させるには，S_3, S_2, S_1 の順番でスイッチをオンオフするだけで簡単に実現できる．

ステッピングモータでは，巻線に流れる電流方向が一方向の場合にユニポーラと呼ぶので，図6・21のモータを**三相ユニポーラVR形ステッピングモータ**という．

[2] **PM形ステッピングモータ**

図6・23はPM (Permanent Magnet) 形ステッピングモータのしくみである．回転子には永久磁石が配置され，固定子には四つの歯をもっており，2相の巻線が施されている．これらの2相の巻線には，四つのスイッチで構成されたブリッジがそれぞれ接続されており，双方向の電流が流れる構造となっている．

ここで，**図6・24** (a) のようにスイッチU_1^+とU_2^-をオンにして，U相巻線に電流を流し1，1′の歯にそれぞれS，N極をつくると，回転子は右へ$\pi/2$回転する．次にU_1^+，U_2^-をオフとし，同図 (b) のようにV_1^+とV_2^-をオンにしてV相巻線

ヒステリシスコンパレータを用いた電流制御法

電流制御部の具体的な一例を説明しよう．下図は，ヒステリシスコンパレータによる電流制御法のしくみを示したものである．図 (a) に示すように，U相の指令電流 $i_U^* = \sqrt{2}I_m\cos(\theta+\pi/2)$ と検出電流i_Uとの差 $\Delta i_U = i_U^* - i_U$ を計算する．$|\Delta i_U|$ が設定値 ΔI_0 より小さくなるように，ヒステリシスコンパレータを用いて $\Delta I_0 \leq \Delta i_U$ であればi_Uを増加するようにスイッチU^+をオンし，$\Delta i_U \leq -\Delta I_0$ であればi_Uを減少するようにスイッチU^-をオンする．また，$-\Delta I_0 \leq \Delta i_U \leq \Delta I_0$ であれば，そのときのスイッチの状態を続ける．この結果，図 (b) のように電流i_Uは，指令電流i_U^*に対して最大ΔI_0の誤差で制御できる．

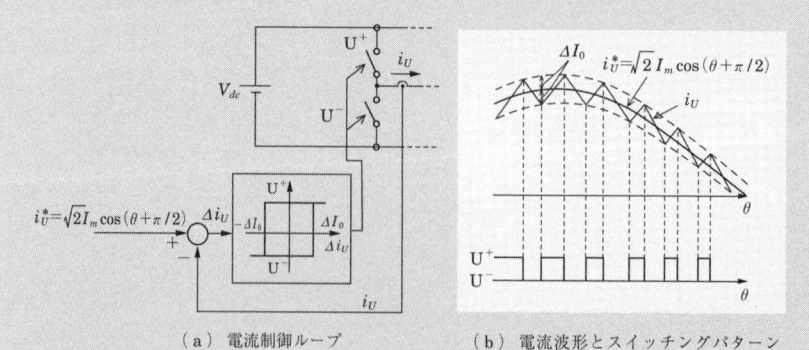

(a) 電流制御ループ　　(b) 電流波形とスイッチングパターン

電流制御のしくみ

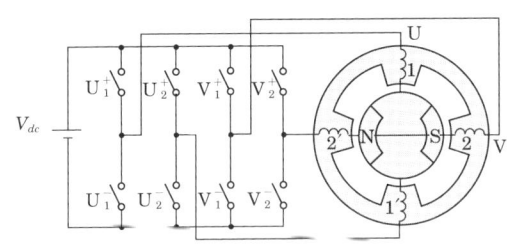

図6・23　二相バイポーラPM形ステッピングモータ

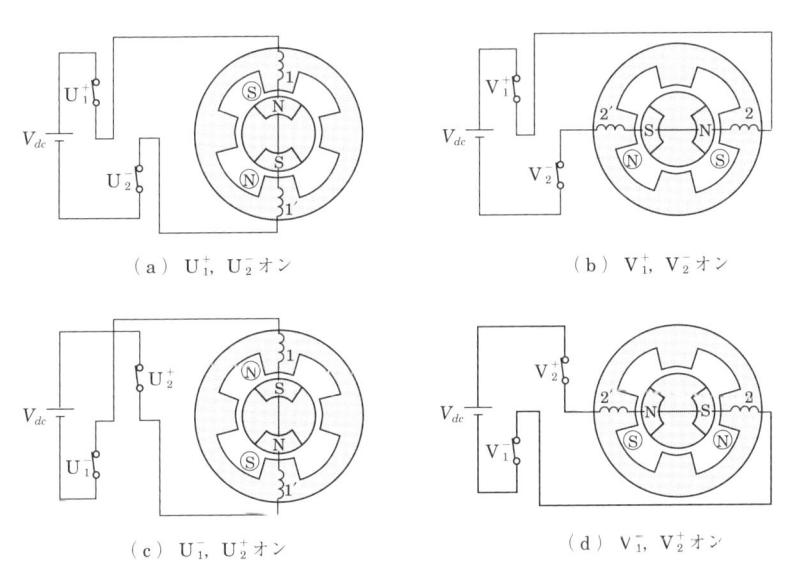

（a）U_1^+, U_2^-オン

（b）V_1^+, V_2^-オン

（c）U_1^-, U_2^+オン

（d）V_1^-, V_2^+オン

図6・24　PM形ステッピングモータの回転動作

に電流を流し，2，2′の歯にそれぞれS，N極をつくると，さらに回転子は右へ$\pi/2$回転する．同様に同図（c），（d）に示すようにU_1^-とU_2^+，V_1^-とV_2^+をそれぞれオン状態にすることで，右へ$\pi/2$ずつ回転する．なお，モータを逆回転させるためには，図6・24のスイッチ動作を（d），（c），（b），（a）の順番にすることで実現できる．

　このモータの巻線電流のように双方向に電流を流す場合にはバイポーラとよばれ，図6・23のモータを**二相バイポーラPM形ステッピングモータ**という．

　PM形ステッピングモータの一つの特徴として，巻線を励磁しないときには，回転子の永久磁石の磁力により，図6・24の（a）～（d）のいずれかの位置で回転子が安定する点にある．

[3] HB形ステッピングモータ

　HB (Hybrid) 形ステッピングモータは1回のスイッチングによる回転子移動角がVR形やPM形ステッピングモータに比較して小さいという特徴をもっている. **図6·25**に二相バイポーラHB形ステッピングモータのしくみを示す. 同図 (a) がモータ構造で, 回転子は二つに分かれており, 二つの回転子の間には永久磁石が配置されている. 手前, 奥の回転子は, それぞれN極, S極の極性をもつので, それぞれN極回転子, S極回転子と呼ぶことにする. それぞれの回転子表面には小歯極と呼ばれる小さな突極構造をもっており, このモータの場合50個の小歯極があり, 小歯極間の角度は360°/50 = 7.2°である. N極回転子とS極回転子の小歯極の位置関係は, 同図 (b) の回転子断面図に示すようにN極回転子の凹部が, S極回転子の凸部に対応している. 一方, 固定子は45°ごとに8個の突極が配置され, さらに固定子の1極当りに5個の小歯極をもっている. 小歯極間の角度は, 回転子と同じ7.2°である. 同図 (c) はモータ巻線の接続図でる. U相巻線は, 固定子突極1, 3, 1′, 3′の巻線を直列に接続しており, スイッチU_1^+, U_2^-をオ

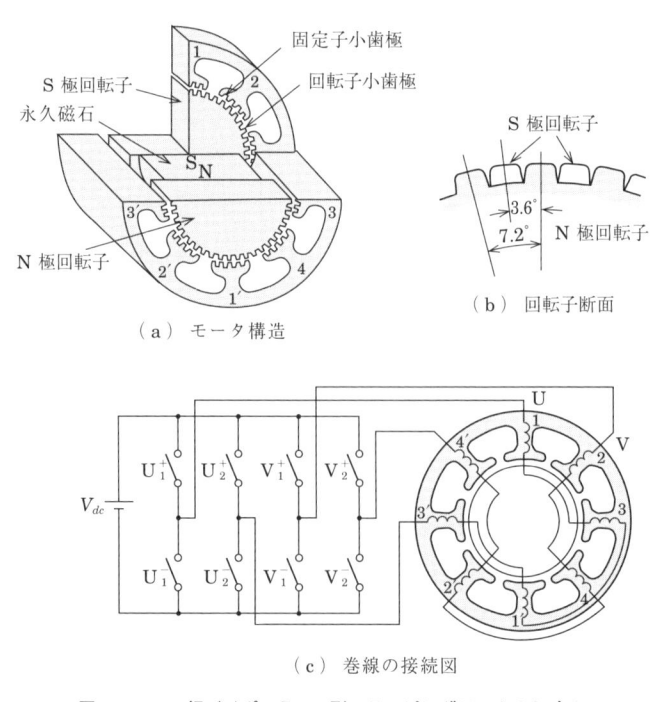

(a) モータ構造

(b) 回転子断面

(c) 巻線の接続図

図6·25 二相バイポーラHB形ステッピングモータのしくみ

ンすると，1，1′はN極に，3，3′はS極にそれぞれ励磁され，U_1^-，U_2^+をオンすると1，1′はS極に，3，3′はN極にそれぞれ励磁される．V相巻線もU相巻線と同様に，2，4，2′，4′の巻線を直列に接続しており，スイッチV_1^+，V_2^-をオンすると，2，2′はN極に，4，4′はS極にそれぞれ励磁され，V_1^-，V_2^+をオンすると2，2′はS極に，4，4′はN極にそれぞれ励磁される．

　図6·25のHB形ステッピングモータが回転するしくみを考えてみよう．**図6·26**は固定子と回転子の小歯極を拡大し，その位置関係を簡略化して示している．同図 (a) はスイッチU_1^+，U_2^-，V_1^+，V_2^-をオンした場合で，固定子1，1′，2，2′はN極に，3，3′，4，4′はS極にそれぞれ励磁され，このとき回転子は同図の位置にあったとする．回転子と固定子の間の矢印で回転子に働くトルクの向きと大きさを示しているが，回転子全体に働く合成トルクは0となり，この回転子位置で安定することがわかる．次に，スイッチU_1^+，U_2^-をオフすると，1，1′，3，3′の固定子が励磁されなくなり，2，2′，4，4′で働くトルクにより，回転子は右に回転し，同図 (b) の回転子位置で安定する．このときの回転子移動角度は小歯極の1/4角度の1.8°($= 7.2°/4$) である．さらに，U_1^-，U_2^+をオンして1，1′をS極に，3，3′をN極にそれぞれ励磁すると，1，1′，3，3′にそれぞれ右回転のトルクが発生し，同図 (c) の回転子位置で安定する．このときの回転子移動角度も1.8°である．次にV相をオフし，さらにV相を逆極性に励磁するというように順次U，V相の励磁極性を切り換えることで，回転し続けることが理解できる．

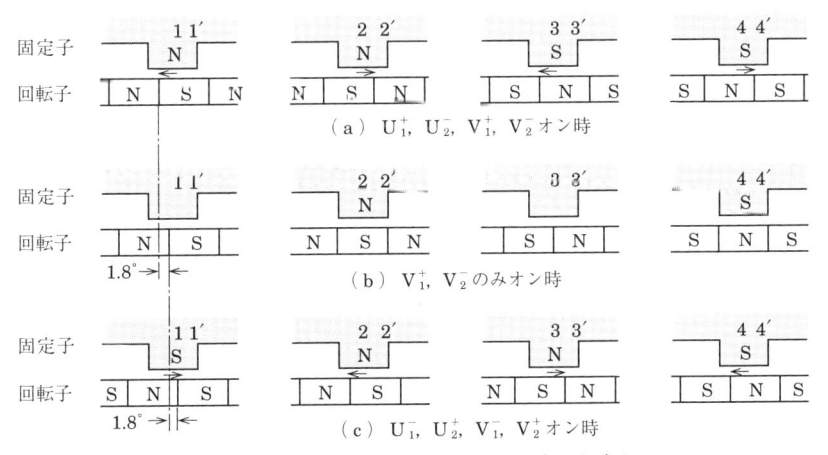

図6·26　HB形ステッピングモータの回転のしくみ

演習問題

問1 3.7 kVA三相同期発電機で図6・9と同様の特性曲線を計測した結果，無負荷飽和曲線において定格電圧 $V_n = 220$ V を得るための界磁電流 I_{f0} は1.5 Aであった．また，短絡曲線において定格電流 $I_n = 9.7$ A を得るための界磁電流 I_{fs} は1.0 Aであった．この発電機の短絡比および同期リアクタンスをそれぞれ求めよ．ただし，巻線の抵抗成分は無視できるものとする．

問2 定格出力3 000 kVA，定格電圧6 600 V，同期インピーダンス6.8 Ωの三相同期発電機がある．この発電機に遅れ力率0.8の定格負荷が接続されたときの電圧変動率はどれだけか．ただし，発電機の巻線抵抗は無視できるものとする．

問3 200 Vの三相交流電源で三相同期モータを駆動している．その同期リアクタンスを4.6 Ω，無負荷誘導起電力を160 V，内部相差角を $\pi/6$ としたとき，モータ出力および線電流はそれぞれどれだけか．ただし，電機子抵抗は無視するものとする．

問4 定格速度1 500 min^{-1}，定格出力1.5 kW，6極のPM同期モータがある．このPM同期モータの定格速度時の無負荷誘導起電力は100 Vで，同期リアクタンスに相当したインダクタンスは9.5 mHであった．このPM同期モータをインバータを用いて速度1 200 min^{-1}，出力1 kW駆動するためのインバータ出力電圧の基本波電圧，周波数，内部相差角を求めよ．ただし，線電流は無負荷誘導起電力と同相とし，また，電機子抵抗は無視できるものとする．

問5 図6・21の三相ユニポーラVR形ステッピングモータにおいて，300 min^{-1}で回転させるためには，各スイッチのスイッチング周波数をどれだけにすればよいか．

7章 リニアモータはどんなモータか

リニアモータは，回転形のモータを切り開いて直線形にしたモータである．直線形（linear: line の形容詞）のモータであるのでリニアモータと呼ぶ．構造上，ギヤなどを用いて駆動力を伝えることがなく，直接に駆動力を伝えるので，直接駆動（direct drive: DD）モータとして使われる．

リニアモータには，リニア直流モータ（linear DC motor: LDM），リニア同期モータ（linear synchronous motor: LSM），リニア誘導モータ（linear induction motor: LIM）ならびにリニアパルスモータ（linear pulse motor: LPM）がある．さらに電磁石の原理を用いたリニア電磁ソレノイドも含まれる．

この章では，リニアモータの原理と特徴，ならびに使い方について学ぼう．

① リニア直流モータの原理と特徴を理解しよう

図 7·1 の原理図で N 極から S 極へ磁束密度 B 〔T〕の磁力線があり，その中にある l〔m〕の電線の奥へ向かって電流 I〔A〕が流れるとする．そのとき，電線には式（7·1）で与えられる力 F〔N〕が働く．

$$F = I \times B \times l \qquad (7·1)$$

磁石が固定されているとき，電線は磁力線の打ち消し合う左方向へ押されて移動する．これは，

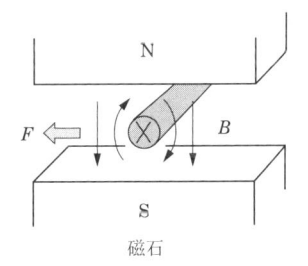

図 7·1 リニア直流モータの原理

コイル可動形モータと呼ばれ，例として図 7·2 に示すボイスコイル形モータ（VCM）がある．可動部がコイルのみであるので応答性はよいが，動く距離（ストローク）が短いという特徴をもつ．このモータはコンピュータの周辺機器などに用いられている．図 7·1 において電線が固定されているときは，磁石が反作用で右方向へ移動する．漏れ磁束の小さい磁石可動形モータの構造を図 7·3 に示す．永久磁石のつくる磁束とコイルに流れる電流との間に働く力によって永久磁石は

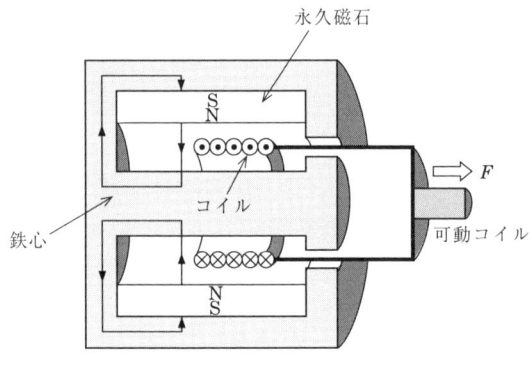

図7・2 コイル可動形モータの構造

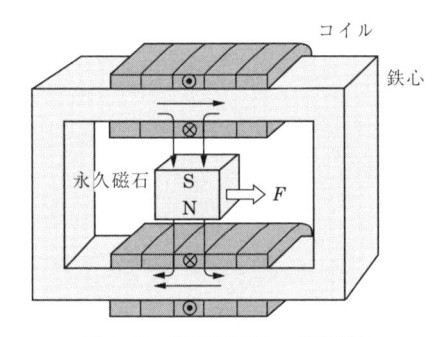

図7・3 磁石可動形モータの構造

右方向へ力を受ける．通常は上下の鉄心をつなぐ部分はなく，漏れ磁束が大きい．ホール素子などを用いて磁石の位置を検出し，その位置に対応する電線に直流を流せば，ブラシレスリニア直流モータとなる．用途としては，ロボットなどの産業用機器への応用が見られる．直流の代わりに正弦波的に変化する交流を流せば，後で述べるリニア同期モータとなる．

② リニア直流モータを産業機械へ応用しよう

　工作機やロボットにおいては，直線運動を必要とする．従来は**図7・4**(a)，(b)に示すようなワイヤとプーリやボールねじが用いられてきた．しかし，ワイヤとプーリでは，ワイヤの摩耗やプーリのガタにより信頼性や精度に問題があった．ボールねじは長い直進運動を実現するとき軸のねじれや振動が問題になった．ま

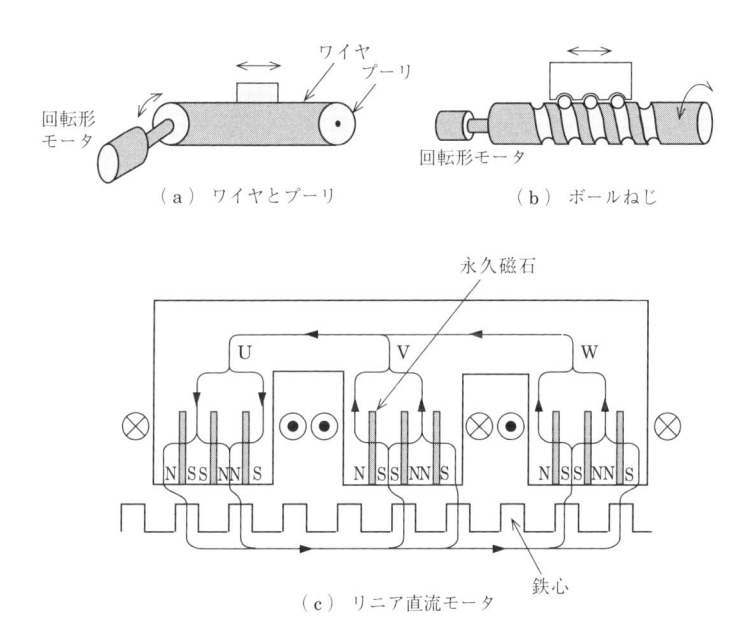

(a) ワイヤとプーリ
(b) ボールねじ
(c) リニア直流モータ

図7・4 産業機械におけるリニア直流モータ

た，両者とも高速化の要求に対応できなかった．高速，高精度，単純な構造に対する要求から産業機械やロボットにおいてリニアモータが注目を集めている．

同図 (c) に，ワーク（被工作物）を移動するためのモータの例を示す．磁石を磁極に埋め込むことにより，従来形のリニアモータの2倍の推力を実現している．

③ リニア同期モータの原理と特徴を理解しよう

リニア同期モータは，回転形同期モータを開いて直線状にしたものである．電機子は，電気角で$2\pi/3$ずつ位置をずらせた三相交流巻線に三相交流を流し，進行磁界をつくる．その移動速度に同期して界磁が移動する．JRの磁気浮上列車の例を**図7・5**に示す．車上コイルは超電導コイルであり，磁極は交番している．地上コイルは常電導コイルであり，進行磁界をつくる．

実際には，この地上コイルは，推進だけでなく，浮上方向と案内方向の力も発生するため，いろいろな工夫がしてある．

交流の1サイクルの間に進行磁界は，図7・5の右端のU相から左端のU相まで

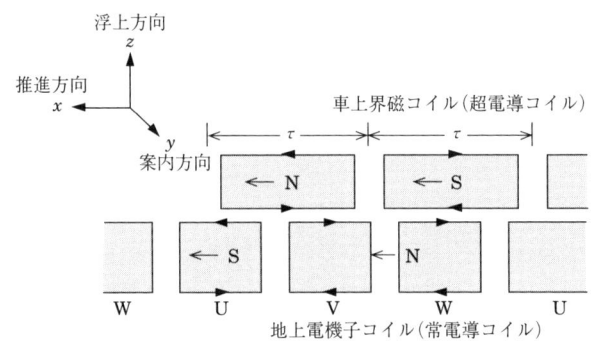

図7・5 リニア同期のモータの原理

進行する．電源の周波数を f [Hz]，極間隔を τ [m] とすると，速度 v [m/s] は

$$v = 2\tau f \tag{7・2}$$

で求まる．それゆえ，速度を変えるには周波数 f を変える必要があり，商用周波数をインバータを用いて，異なる周波数に変換する必要がある．

例題1 リニア同期モータを用いて，速度 v が 1 m/s で移動する乗物をつくりたい．極間隔 τ を 0.05 m とするとき，電源の周波数 f は何 Hz にすればよいだろうか．

[解答] 式 (7・2) から，$1 = 2 \times 0.05 \times f$ となり，$f = 10$ Hz となる．

次に推進力と案内力について考えよう．図7・6(a) において，地上電機子コイルのつくる磁極から車上界磁コイルの磁極までの位相遅れを γ [rad] とする．界磁磁束を Φ [T]，電機子電流の大きさを I [A] とするとき，推進力 F_x [N] と案

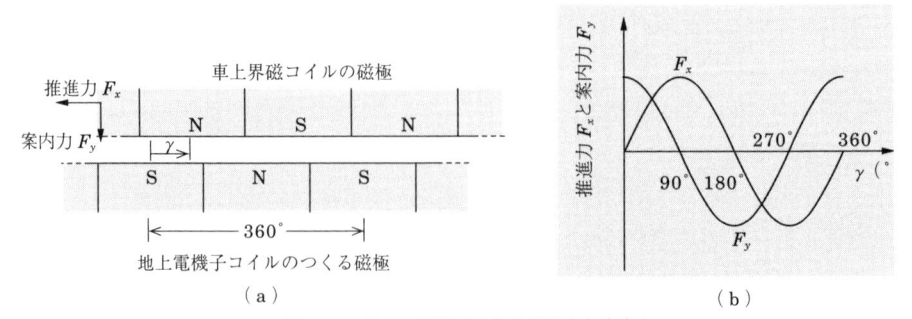

図7・6 リニア同期モータの推進力と案内力

内力F_y〔N〕は次式で与えられる．

$$F_x = K_x \Phi I \sin \gamma \tag{7・3}$$
$$F_y = K_y \Phi I \cos \gamma \tag{7・4}$$

ここで，K_x, K_yは定数である．同図(b)に示すように$\gamma = 0$のとき，F_xは0となり，F_yは最大，また$\gamma = \pi/2$のとき，F_xは最大となり，F_yは0となる．それゆえ，$\gamma = \pi/2$近くで運転することが望ましい．

これまでは，鉄心のない空心の場合を考えてきたが，鉄心をもつ場合も同様に考えることができる．

④ リニア同期モータを輸送機関へ応用しよう

JRの超電導磁気浮上式鉄道で用いられているリニア同期モータを**図7・7**に示す．同図(a)は，地上電機子コイルである推進コイルと浮上力と案内力を発生する地上コイルである浮上案内コイル，ならびに車上界磁コイルである超電導コイルの配置図を示す．

同図(b)は浮上力と案内力の発生原理を示す．超電導コイルが，8の字に構成されている浮上案内コイルの真中の高さに位置するとき，上のコイルと下のコイ

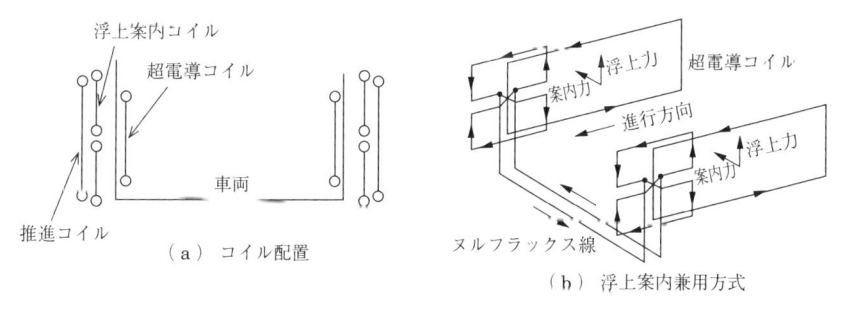

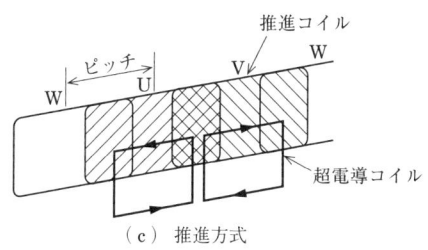

図7・7　超高速列車におけるリニア同期モータ

ルに同じ量の超電導コイルの磁束が鎖交する．超電導コイルが進行するとき，上のコイルと下のコイルに同じ速度起電力が誘起し，8の字の構成であることから両者は打ち消し合う．その結果，浮上力は発生しない．下の方へ車両が下がると，下のコイルの速度起電力が上のコイルに比べて大きくなり，超電導コイルを斜め上に押し上げる．左右の二つの浮上力は加算され，案内方向の力は打ち消されるので車両は浮上する．

次に案内力について考えよう．車両が案内方向にずれておらず真中を走行するとき，浮上のための速度起電力が左右の浮上案内コイルに発生する．両者の大きさは等しく，左右のコイルをつなぐヌルフラックス線（ヌルはゼロのこと）には電圧は印加されず電流は流れない．車両が右方向へずれると右側の速度起動力が左側に比べて大きくなり，同図 (b) に示すような電流が流れ，車両を左側へ押し戻す．

同図 (c) に推進方式を示す．推進コイルは，長さ1.42 m，高さ0.6 m，ピッチ

リニアモータを使ってスペースシャトルを飛ばそう

　リニアモータカー技術を用いて，スペースシャトルを飛ばそうとする研究が行われている．地球と宇宙基地との間を頻繁に行き来する時代を迎えて，化学燃料を大量に消費する現在のロケットでは限界がある．そこで，重力圏を脱出するために，リニアモータを用いて宇宙にシャトルを発射する電磁ランチャの登場が期待されている．レールの上に台車を載せ，その上にシャトルを載せる．リニアモータを駆動し加速して，勢いよくシャトルを打ち出すと，シャトルはそれから自分の力で目的地へ飛んで行く．超電導磁石のような強力な磁石と大きな電流をつくる技術や長いレールをつくる技術など解決すべき問題は多いが，未来技術として注目を集めている．

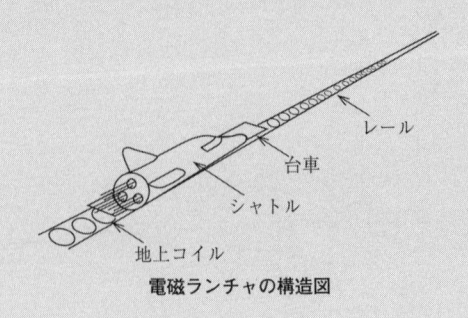

電磁ランチャの構造図

0.9 m である．超電導コイルは，長さ1.07 m，高さ0.5 m，極ピッチ1.35 m，極数は台車当り4極2列である．原理は図7・5に示したとおりである．

5 リニア誘導モータはどんなモータか

リニア誘導モータの原理を**図7・8**に示す．成層鉄心に電機子巻線をまいて一次側とし，進行磁界をつくる．進行磁界は，速度v_0で右方向へ移動するとしよう．二次側は，渦電流の流れる二次導体と磁束を通りやすくするための二次鉄心からなる．ここでは，一次側を固定子とし，二次側を可動子とする．

図7・8(a)において，固定子である一次側につくられた進行磁界がアルミ板などの二次導体上を走るとき，二次導体からすると磁力線を切ることになる．磁力線はもとのままでいようとする性質をもつので，切った磁力線をつなぎ合わせるような磁力線を発生しようとして起電力が誘起する．二次導体は，抵抗とともにインダクタンスをもつので，電圧が誘起してから電流が流れるまでに一定の時間遅れがある．もし，二次導体の速度vが0で停止しているときは，電圧が印加し

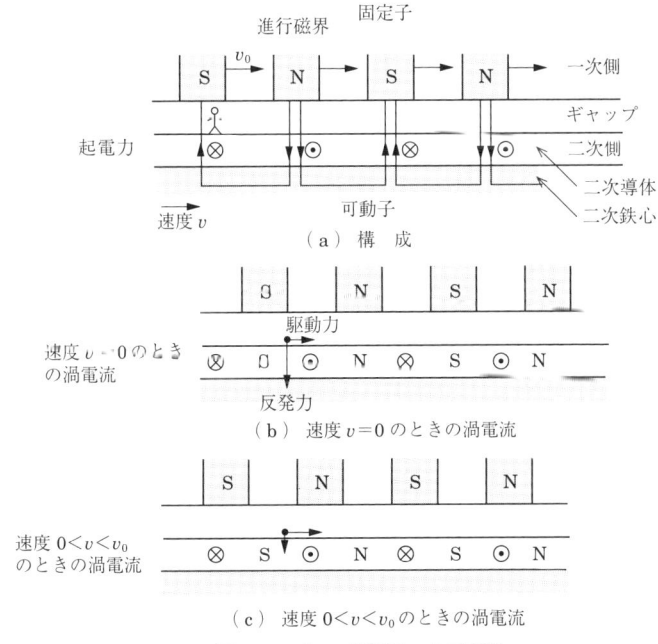

(a) 構　成

(b) 速度$v=0$のときの渦電流

(c) 速度$0<v<v_0$のときの渦電流

図7・8　リニア誘導モータの原理

てから電流が流れるまでの間に，進行磁界は同図 (b) のように遠くへ行ってしまい，電流が流れて二次導体がつくる磁極の上に同じ極性の磁極がきてしまう．それゆえ，始動時には，二次導体に対する反発力は大きく，駆動力は小さい．しかし，同図 (c) のように二次側の速度 v が大きくなり，速度 v_0 で移動する進行磁界を追いかけるようになると，反発力は小さくなり，駆動力は大きくなる．速度 v が v_0 に近くなると，渦電流による反発力は十分小さくなり，進行磁界と二次鉄心との間の吸引力がきいてくる．

リニア誘導モータは，構造が簡単で大出力が得られ，安価であることから，輸送機関，搬送機器などに広く用いられている．

⑥ リニア誘導モータを搬送装置へ応用しよう

リニア誘導モータ (LIM) を用いたパレット搬送装置を**図7・9**に示す．ステーション1からステーション2まで荷物を積んだパレットを移動させることを考えよう．LIMの一次側を，LIM1，LIM2の2台設置し，二次側をパレットに組み込む．LIM1を用いて加速し，途中は惰行する．LIM2を用いて減速し，最後は位置決めのため再加速して停止する．このようにして，高精度位置決め，高速化，無人化を実現している．

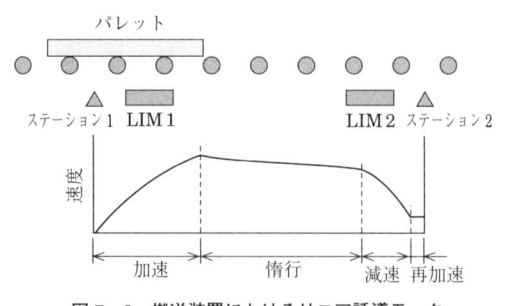

図7・9 搬送装置におけるリニア誘導モータ

⑦ リニアパルスモータの原理と特徴を理解しよう

リニアパルスモータは，パルス数に応じてステップ的に直進運動をするモータである．それゆえ，パルスモータと同じく，開ループ制御により位置，速度の制

御が可能となる．リニアパルスモータには，永久磁石を用いる永久磁石形（permanent magnet：PM形）とリラクタンスの変化を用いる可変リラクタンス形（variable reluctance：VR形）とがある．

PM形の原理を**図7・10**に示す．永久磁石のN極から出た磁力線は二つに分かれて歯1，2と歯4，5，6を通り，歯8，9と歯12，13を通った後，S極に入る．このとき，電磁石Aを反時計回りに磁力線をつくるように励磁すると，歯1，2の磁力線は強め合い，歯4，5，6の磁力線は打ち消し合うので，歯1，2の所で整列する．歯8，9と歯12，13との力は打ち消し合っている．左方向へ1/4ピッチ（1ピッチは歯から歯までの距離）進むためには，電磁石Ⓐの電流を切って，電磁石Ⓑを時計回りに磁束ができるように励磁すればよい．右方向に進むには，反時計回りに励磁すればよい．

次に，VR形の原理を**図7・11**に示す．電磁石Ⓐを励磁することにより，歯1，

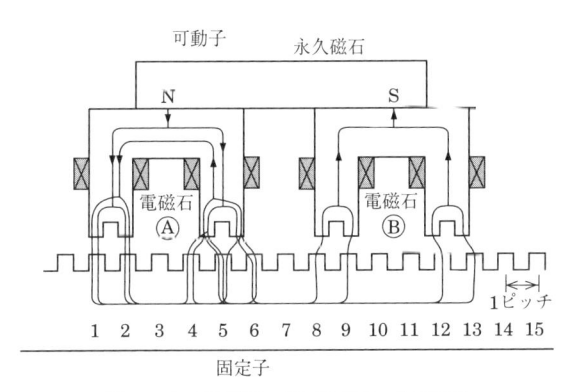

図7・10　PM形リニアパルスモータの原理

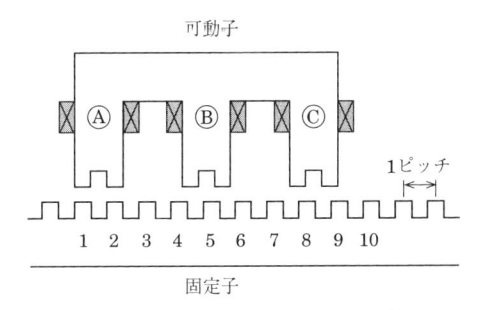

図7・11　VR形リニアパルスモータの原理

2を通った磁力線は，歯4，5と歯8，9とから可動子へ戻ってゆく．電磁石Ⓐの電流を切って，電磁石Ⓑを励磁すれば，1/3ピッチだけ左方向へ向かう．この方式は，消費電力が大きく，ダンピングがわるい．

⑧ リニアパルスモータを情報機器へ応用しよう

リニアパルスモータを，紙面に図形を描くX-Yプロッタに応用した例を**図7・12**に示す．このプロッタはX方向へ移動するときはX軸可動子を用い，Y方向へ移動するときはY軸可動子を用いる．X軸可動子2個，Y軸可動子2個から構成されており，1個の可動子は，図7・10のLPMが2個入っていることになる．空気浮上であり，ノズルから空気を噴射して$10\,\mu\mathrm{m}$程度浮上し，なめらかに移動する．

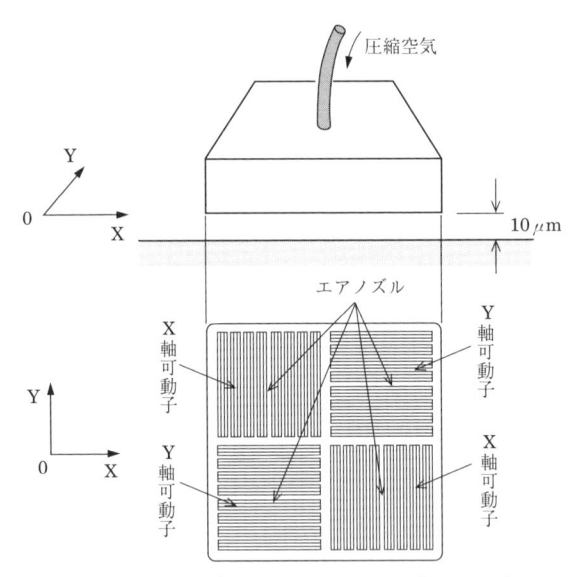

図7・12 X-Yプロッタにおけるリニアパルスモータ

演習問題

問1 リニア直流モータを用いて，1 kgの重りをつり上げたい．$B=2\mathrm{T}$とするとき，電流Iを求めよ．ただし，モータ自体は十分軽く，磁場中の電線長は1mとする．

問2 図7・13における磁気浮上列車の浮上力の発生原理を，図7・8のリニア誘導モー

タの原理を用いて説明せよ．

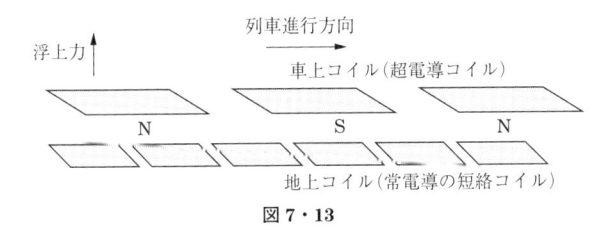

図 7・13

問3 リニアパルスモータにおいて，途中でも止まることができ，細かく位置決めができるようにしたい．どうすればよいだろうか．

問4 リニア直流ソレノイドにおいて，鉄心の飽和磁束密度$B_s = 2\text{T}$とするとき，単位面積当りの最大吸引力F_{max}を求めよ（2章参照）．

演習問題解答

■1章

問1 (1章は解答略)

■2章

問1 ギャップ部 g の磁気抵抗を $\dfrac{g}{\mu_0 A}$ として磁気回路を解けば,U相自己インダクタンス $\dfrac{2}{3}\mu_0\dfrac{N^2 A}{g}$,相互インダクタンス $\dfrac{1}{3}\mu_0\dfrac{N^2 A}{g}$ となる.

問2 電磁石に対する導体の変位 x に対し,コイルのインダクタンス $L(x)$ は $\dfrac{1}{2}\mu_0\dfrac{N^2 S}{x}$.電磁石系磁気回路における磁気随伴エネルギーの変化から,鉄片に作用する力は $f(x)=\dfrac{1}{2}\cdot\dfrac{\partial L(x)}{\partial x}i^2=-\dfrac{1}{4}\mu_0\dfrac{N^2 S}{x^2}I^2$ となる.$f(x)$ の負号は,鉄片が引き寄せられることを意味する.

問3 $e=v\cdot B\cdot l$ を用いて,磁束方向に対し円板面が垂直であるため,$l=0.5\,\mathrm{m}$,一方,回転速度を $N\,[\min^{-1}]$ とすれば $v=\dfrac{1}{2}\cdot\dfrac{2\pi N}{60}$ より,$e=21\,\mathrm{V}$ となる.

■3章

問1 定格電圧のもとでの無負荷速度が $1\,800\,\min^{-1}$ であることから,式(3·13)より,起電力定数 $K_E=100/60\pi\,\mathrm{V\cdot s/rad}$ を得る.したがって,各定格値を用いて式(3·10)を解くことで $R_a=0.402\,\Omega$ を得る.同様に,$V_a=70.11\,\mathrm{V}$ を得る.

問2 問1と同様に解くことで,$V_a=65.2\,\mathrm{V}$ を得る.図3·5にあるように,固定損を考慮した場合の機械的出力は,電気的出力から固定損を差し引いたものである.したがって効率 η は,次式となる

$$\eta=\dfrac{I_a K_E \Omega_m-21}{V_a I_a}\times 100=81.2\%$$

問3 式(3·32)より,$C_a=1\,730\,\mu\mathrm{F}$ を,式(3·34)より,$\tau=0.78\,\mathrm{ms}$ をそれぞれ得る.

問4 トルクが電機子電流に比例することに着目すれば,各条件の場合の定常特性は,次式で表すことができる.

$$V_n=R_a I_n+K_E W_{mn}$$

$$V'=R_a I_n+\dfrac{1}{2}\cdot K_E W_{mn}$$

$$V''=\dfrac{1}{2}\cdot R_a I_n+K_E W_{mn}$$

したがって,上式より起電力定数 K_E を除くことで V',V'' は次式となる.

$$V' = \frac{1}{2}(V_n + I_n R_a), \qquad V'' = V_n - \frac{1}{2} I_n R_a$$

■ 4 章

問 1 p. 52 の囲み記事の式〈2〉より最大磁束密度 B_m は，周波数 f に反比例するので，B_m は，$50/60 = 0.83$ 倍となる．式 (4·23) より $P_h \propto f B_m^2 \propto f(1/f^2) \propto 1/f$ の関係が得られ，P_h も 0.83 倍となる．式 (4·24) より $P_e \propto (fB_m)^2 \propto (f/f)^2$ となり，P_e は変化しないので 1 倍となる．

問 2 巻数比は
$$a = 6\,600/200 = 33$$
である．
$$a^2 g_0 = P_o/V_o^2 = 217.8/200^2 = 0.005445, \qquad g_0 = 5 \times 10^{-6}\,\text{S}$$
$$a^2 b_0 = \sqrt{(I_0/V_0)^2 - (a^2 g_0)^2} = 0.01558, \qquad b_0 = 14.3 \times 10^{-6}\,\text{S}$$
と励磁アドミタンスが得られる．
$$R_s/a^2 = P_s/I_s^2 = 600/200^2 = 0.015, \qquad R_s = 16.3\,\Omega$$
$$x_s/a^2 = \sqrt{(V_s/I_s)^2 - (R_s/a^2)^2} = 0.037, \qquad x_s = 40.38\,\Omega$$
と短絡インピーダンスが得られる．

問 3 $p = R_s I_{2n}'/V_{2n}' \times 100 = R_s I_{2n}'^2/V_{2n} I_{2n}' \times 100 = 150/5\,000 \times 100 = 3\,\%$ である．
$$\varepsilon = p \cos\varphi_L + q \sin\varphi_L$$
より
$$4.8 = 3 \cdot 0.8 + q \cdot \sqrt{1 - 0.8^2}, \qquad q = 4$$
と得られる．$\cos\varphi_L = 0.6$ における電圧変動率は
$$\varepsilon = 3 \cdot 0.6 + 4 \cdot \sqrt{1 - 0.6^2} = 5\,\%$$
である．

問 4 定格時の銅損 $P_{cn} = R_s I_{2n}'^2$ に対して，$1/3$ 負荷時の銅損は $P_c = R_s (I_{2n}'/3)^2 = P_{cn}/9$ となる．$\cos\varphi_L = 0.8$，$1/3$ 負荷時における効率は
$$\eta = \frac{V_2'(I_{2n}'/3)\cos\varphi_L}{V_2'(I_{2n}'/3)\cos\varphi_L + P_i + P_{cn}/9} = \frac{200 \cdot 10/3 \cdot 0.8}{200 \cdot 10/3 \cdot 0.8 + 20 + 80/9} = 0.949$$
となり，$\eta = 94.9\,\%$ である．最大効率 η_{max} が得られる条件は鉄損と銅損が等しいときであり，銅損が定格時の $1/4$，すなわち $I_2' = I_{2n}'/2 = 5\,\text{A}$ となり，巻数比 $a = 200/100 = 2$ より負荷電流は $I_2 = aI_2' = 10\,\text{A}$ である．このとき $\cos\varphi_L = 1$ における効率は
$$\eta_{max} = \frac{200 \cdot 5 \cdot 1}{200 \cdot 5 \cdot 1 + 20 + 20} = 0.962$$
となり $\eta_{max} = 96.2\,\%$ である．

■ 5 章

問 1 式 (5·3) を用いて求めればよい．わが国では静岡県の富士川を境に東日本が 50

Hz，西日本が60 Hzであり，同一誘導モータでも同期速度，すなわち回転数が異なることになる．また，インバータなどで周波数を可変とする場合，および極数の変化による同期速度の変化の認識が必要となる．

問2 式 (5・7) を用いて求めればよいが，線間誘導起電力であるので，$\sqrt{3}$ 倍することに注意．（答：$E_l = 200$ V）

問3 式 (5・8)〜(5・12) より

$r_1 = 0.213\ \Omega,\quad r_2' = 0.113\ \Omega,\quad x_1 = x_2' = 0.401\ \Omega,\quad r_i = 0.320\ \Omega,$
$x_m = 9.75\ \Omega$

問4 図5・8を参照して求めればよい．

$p_f = 86.6\,\%,\quad N_s = 1\,800\ \mathrm{min}^{-1},\quad s = 2.5\,\%,\quad P_{c1} = 0.726\ \mathrm{kW},$
$P_a = 31.1\ \mathrm{kW},\quad P_2 = 30.3\ \mathrm{kW},\quad P_{2o} = 29.5\ \mathrm{kW},\quad \eta = 89.4\,\%$

問5 式 (5・15)〜(5・28) を用いて求めればよいが，まず同期速度 N_s [min^{-1}] を求め，滑り s を計算してT形等価回路を決定することが必要である．

$I_1 = 12.22\ \mathrm{A},\quad P_1 = 3.50\ \mathrm{kW},\quad T = 17.0\ \mathrm{N \cdot m},\quad \eta = 85.7\,\%$

問6 式 (5・29) および (5・30) を用いて求めればよい．

$I_{1st} = 51.6\ \mathrm{A},\quad T_{st} = 21.2\ \mathrm{N \cdot m}$（始動電流が著しく大きいことに注目）

問7 $P_M = \dfrac{P_{2o}}{\eta_p \eta_M} = 238.9\ \mathrm{kW},\quad I_M = \dfrac{P_M}{\sqrt{3}\ V_{1l} \cdot p_f} = 47.5\ \mathrm{A}$

問8 入力 $P_{1(1)} = V_1 I_{1(1)} \cdot p_{f(1)} = 297\ \mathrm{W},\quad$出力 $P_{2(1)} = 200\ \mathrm{W},\quad$効率 $\eta_{(1)} = 67.2\,\%,$
入力 $P_{1(1/2)} = $ 出力 + 損失 $= 156.4\ \mathrm{W},\quad p_{f(1/2)} = 68.0\,\%,\quad \eta_{(1/2)} = 63.9\,\%$

■ 6章

問1 短絡比は

$K_s = I_{f0}/I_{fs} = 1.5/1.0 = 1.5$

と求まる．短絡電流は

$I_{sn} = K_s I_n = 1.5 \times 9.7 = 14.55\ \mathrm{A}$

である．同期リアクタンスは

$x_s = V_n/(\sqrt{3}\ I_{sn}) = 220/(\sqrt{3} \times 14.55) = 8.73\ \Omega$

と求まる．

問2 百分率同期インピーダンスは

$Z_s' = \dfrac{Z_s I_s}{E_n} \times 100 = \dfrac{Z_s P/(\sqrt{3}\ V_n)}{V_n/\sqrt{3}} \times 100 = \dfrac{6.8 \times 3\,000\,000}{6\,600^2} \times 100$
$= 46.83\,\%$

である．1相当りの無負荷時の誘導起電力は

$E_0 = \sqrt{(E_n \cos \delta)^2 + (E_n \sin \delta + E_n Z_s'/100)^2}$

と記せ

$E_0/E_n = \sqrt{0.8^2 + (0.6 + 0.4683)^2} = 1.3346$

と得られる．電圧変動率は

$\varepsilon = (E_0 - E_n)/E_n \times 100 = (1.3346 - 1)/1 \times 100 = 33.5\,\%$

と求まる．

問3 出力は
$$P_{out}=3V_aE_a\sin\delta/x_s=3(200/\sqrt{3})(160/\sqrt{3})\sin(\pi/6)/4.6=3478 \text{ W}$$
である．リアクタンス電圧降下は
$$\begin{aligned}x_sI_a&=\sqrt{(V_a\cos\delta-E_0)^2+(V_a\sin\delta)^2}\\&=\sqrt{(200/\sqrt{3}\times\cos(\pi/6)-160/\sqrt{3})^2+(200/\sqrt{3}\times\sin(\pi/6))^2}\\&=58.24 \text{ V}\end{aligned}$$
である．
$$I_a=58.24/4.6=12.7 \text{ A}$$
と求まる．

問4 極対数は，$p=6/2=3$ である．インバータ周波数は
$$f=p\cdot N_m/60=3\times 1200/60=60 \text{ Hz}$$
と得られる．モータの出力の関係式 $P_{out}=3E_aI_a\cos\varphi$ より，電機子電流は
$$I_a=1000/\{3\times(100/\sqrt{3})\cos 0\}=5.77 \text{ A}$$
と得られる．1相当りのインバータ電圧は
$$\begin{aligned}V&=\sqrt{E_a^2+(\omega LI_a)^2}=\sqrt{(100/\sqrt{3})^2+(2\pi\times 60\times 0.0095\times 5.77)^2}\\&=61.32 \text{ V}\end{aligned}$$
であるから，インバータ電圧は $\sqrt{3}\times 61.32=106.2$ V である．内部相差角は，$\delta=\tan^{-1}(\omega LI_a/E_a)=19.7°$ である．

問5 S_1, S_2, S_3 を順番にオンすると，回転子は $\pi/2$，すなわち 1/4 回転する．したがって，300 min^{-1} で回転させるには，各スイッチのスイッチング周波数は $300\times 4/60=20$ Hz となる．

■ 7章

問1 1 kg 重は 9.8 N．$9.8=I\times 2\times 1$ から $I=4.9$ A

問2 車上コイルが地上コイル上を通過すると，地上コイルに鎖交磁束の変化が起きる．変化を妨げる向きに起動力が地上コイルに発生し，短絡コイルであるので渦電流が流れる．渦電流により地上コイルにできた磁極の極性は，車上コイルと同極性となり，反発力を発生し，浮上する．（ヒント：地上コイルのどれか一つの上に立って考えてみよ．）

問3 図7·10, 図7·11において電磁石の電流を制御し，電磁石Ⓐの電流を減らすとともに電磁石Ⓑの電流を増してゆけば，途中で止まることができ，細かく位置決めができる．これを，ミニステップ法，またはマイクロステップ法と呼ぶ．

問4 リニア電磁ソレノイドにおいて，ギャップ磁束密度 B_g が最大の磁束密度 $B_{g\,max}$ となるのは，ギャップ長が0のときであるから，A を断面積，NI を起磁力，P_g をパーミアンス，δ をギャップ以外の磁気抵抗を等価的に表す長さとするとき

$$AB_{g\,max} = NIP_g = NI\mu_0 A/\delta$$
$$B_{g\,max} = NI\mu_0/\delta \leqq B_s = 2$$

となる．吸引力 F は

$$F = \frac{A}{2\mu_0}\left(\frac{NI\mu_0}{\delta}\right)^2$$

となる．したがって，単位面積当りの最大吸引力 $F_{max} = F/A$ は

$$\frac{F}{A} = \frac{1}{2\mu_0} \times 4 = \frac{2}{\mu_0} = \frac{2}{4\pi \times 10^{-7}}$$
$$= 1.6 \times 10^6 \text{ N/m}^2$$

参考文献

■2章

1) 藤田宏：電気機器，森北出版（1991）
2) 松井信行：電気機器，森北出版（1989）
3) 電気学会：電気機器工学Ⅰ（改訂版），(1987)

■3章

1) 松井信行：電気機器，森北出版（1989）
2) 赤木，松井，小笠原，大澤，青木，関：パワーエレクトロニクス，日刊工業新聞社（1997）
3) 電気学会：パワーエレクトロニクスの基礎，オーム社（1993）
4) 坪島，高井：新しい小形モータの技術，オーム社（1983）

■4章

1) 天野寛徳，常広譲：電気機械工学（改訂版），電気学会（1985）
2) 曽小川久和：新編電気工学講座　電気機器，コロナ社（1983）
3) 松井信行：基礎からの電気・電子工学　電気機器，森北出版（1989）

■5章

1) 尾本義一，他：電気学会大学講座，電気機器工学Ⅰ　改訂版，発売元　オーム社（1999）
2) 松井信行：電気機器，森北出版（1994）
3) 海老原大樹：電気機器，共立出版（1998）

■6章

1) 尾本義一，多田隈進，山下英男，山本充義，米山信一：電気学会大学講座　電気機器学Ⅰ（改訂版），電気学会（1987）
2) 松井信行：基礎からの電気・電子工学　電気機器，森北出版（1989）
3) 田倉敏靖：モータエレクトロニクスシリーズ　実用ステッピングモータ・活用ガイド，総合電子出版（1987）

■7章

1) リニアモータとその応用,電気学会磁気アクチュエータ調査専門委員会編(1987)
2) 海老原大樹:電気機器,共立出版(1998)
3) 神鋼HDリニアモータ,神鋼電機カタログ(1997)
4) 村井敏昭,藤原俊輔,超電導磁気浮上式鉄道のための浮上技術の動向,電気学会論文誌D, Vol. 118-D, pp. 564-567, 1998
5) 正田英介編著:リニアドライブ技術とその応用,オーム社(1991)

索引

ア

アルミダイキャストかご形回転子　72

一次磁束　44
一次電圧制御法　83
一次巻線　43
一次漏れ磁束　43
移動磁界　90
インバータ　107

渦電流　51
渦電流損　51

エネルギー消費要素　9
円形回転磁界　69

カ

界磁制御　32
回生制動　85
回転界磁形同期機　95
回転磁界　67
回転子鉄心　71
回転電機子形同期機　95
可逆運転　34
加極性　60

機械損　30
機械的制動法　85
起電力定数　25
起電力法　102
逆起電力　7
逆相制動　85
ギャップ　70
極対数　69

くま取りコイル　90
くま取りコイル形単相誘導モータ　90
くま取りモータ　90

結合係数　49
限速制動　85

コイル可動形モータ　119
交番磁界　18, 86
交流モータ　15
固定子鉄心　71
コンデンサ始動形単相誘導モータ　88
コンデンサ始動コンデンサ
　　　　　　　誘導モータ　89
コンデンサモータ　89

サ

三相短絡曲線　99
三相巻線　17
三相ユニポーラ
　　　VR形ステッピングモータ　114

直入れ始動方法　80
磁化特性　50
磁気エネルギー　9
磁気随伴エネルギ　11
磁気飽和特性　51
磁極ピッチ　69
自己インダクタンス　8
自己誘導　45
磁石可動形モータ　119
磁束密度分布　16
始動コイル　88
始動補償器　81
始動補償器始動法　81
主コイル　88

出力特性曲線　79
純単相誘導モータ　86

スターデルタ始動法　80
ステッピングモータ　113
滑り　70

制動巻線　106
積分ゲイン　111
全電圧始動法　80

相互インダクタンス　8, 96
相互誘導　46
速度起電力　25
速度特性曲線　77

タ

対称三相巻線　17
だ円回転磁界　88
短節巻　72
短絡インピーダンス　54
短絡抵抗　54
短絡比　100
短絡リアクタンス　54

直巻特性　33
直巻モータ　32
直流制動　84
チョッパ　37

通流率　38

定格　29
定格回転数　29
定格出力　29
定格電圧　29
定格電流　29
停止制動　85
鉄損　51

デューティファクタ　38
電圧変動率　57, 101
電機子インダクタンス　25
電機子抵抗　25
電機子電圧　23, 25
電機子電流　23, 25
電気的制動法　85

等価回路　72
等価回路定数　74
同期インピーダンス　98
同期機　93
同期速度　69
同期調相機　105
同期リアクタンス　98
銅損　30
トルク定数　26

ナ

内部相差角　98

二次磁束　44
二次抵抗制御法　83
二次巻線　43
二次漏れ磁束　43
二次励磁による速度制御法　84
二相バイポーラPM形
　　　ステッピングモータ　115
二相誘導モータ　87

ハ

発電制動　84

ヒステリシス損　51
ヒステリシス特性　51
百分率抵抗降下　58
百分率同期インピーダンス　99
百分率リアクタンス降下　58
比例推移　78

比例ゲイン　111

負荷角　98
負荷損　30
複巻モータ　33
ブラシレスモータ　109
プラッキング　85
ブリッジチョッパ　39
分布巻　16, 72
分巻モータ　32

変圧器　43, 44

ボイスコイル形モータ　119
補助コイル　88
歩進的動作　113

マ

巻線形回転子　72
巻線係数　72
巻線の軸　17
巻線抵抗　48

密結合変圧器　44

無負荷速度　28
無負荷飽和曲線　98

漏れインダクタンス　48
漏れ磁束　7

ヤ

誘起電圧定数　25

有効インダクタンス　96
有効磁束　7
誘導起電力　8, 72
誘導モータ　67

4極機　20
四象限チョッパ　39

ラ

リニアモータ　119
リニア直流モータ　119
リニア同期モータ　121
リニアパルスモータ　126
リニア誘導モータ　125

励磁電流　45

英字・他

DCモータ　23
HB形ステッピングモータ　116
PM形ステッピングモータ　114
PM同期モータ　93
PMモータ　24
V曲線　105
VR形ステッピングモータ　113
Y-Y結線　61
Y-Δ結線　64
Y-Δ始動法　84

Δ-Δ結線　62

〈編著者・著者略歴〉

松井信行（まつい のぶゆき）
編者・執筆担当：1章，2章（共同），3章
1968年　名古屋工業大学大学院修士課程電気工学専攻修了
1976年　工学博士
2004年　国立大学法人名古屋工業大学学長
2010年　名古屋工業大学名誉教授
2021年　名古屋国際工科専門職大学学長

常廣　譲（つねひろ ゆずる）
執筆担当：2章（共同）
1958年　福井大学工学部電気学科卒業
1967年　工学博士
2019年　逝去

竹下隆晴（たけした たかはる）
執筆担当：4章，6章
1984年　名古屋工業大学大学院工学研究科修士課程修了
1990年　工学博士
現　在　名古屋工業大学大学院工学研究科情報工学専攻教授

坪井和男（つぼい かずお）
執筆担当：5章
1973年　中部工業大学（現・中部大学）大学院工学研究科修士課程修了
1976年　工学博士
現　在　中部大学名誉教授

大熊　繁（おおくま しげる）
執筆担当：7章
1977年　名古屋大学大学院工学研究科博士課程電気工学専攻単位取得退学
1978年　工学博士
元名古屋大学大学院工学研究科教授
2011年　名古屋大学名誉教授
2011年　逝去

- 本書の内容に関する質問は，オーム社ホームページの「サポート」から，「お問合せ」の「書籍に関するお問合せ」をご参照いただくか，または書状にてオーム社編集局宛にお願いします．お受けできる質問は本書で紹介した内容に限らせていただきます．なお，電話での質問にはお答えできませんので，あらかじめご了承ください．
- 万一，落丁・乱丁の場合は，送料当社負担でお取替えいたします．当社販売課宛にお送りください．
- 本書の一部の複写複製を希望される場合は，本書扉事を参照してください．

[JCOPY]＜出版者著作権管理機構 委託出版物＞

インターユニバーシティ
電 気 機 器 学

2000年 7 月25日　第1版第 1 刷発行
2025年 7 月10日　第1版第24刷発行

編 著 者　松 井 信 行
発 行 者　髙 田 光 明
発 行 所　株式会社 オ ー ム 社
　　　　　郵便番号　101-8460
　　　　　東京都千代田区神田錦町3-1
　　　　　電話　03(3233)0641（代表）
　　　　　URL　https://www.ohmsha.co.jp/

© 松井信行 2000

印刷　中央印刷　製本　協栄製本
ISBN978-4-274-13205-6　Printed in Japan

新インターユニバーシティシリーズ のご紹介

- 全体を「共通基礎」「電気エネルギー」「電子・デバイス」「通信・信号処理」「計測・制御」「情報・メディア」の6部門で構成
- 現在のカリキュラムを総合的に精査して，セメスタ制に最適な書目構成をとり，どの巻も各章1講義，全体を半期2単位の講義で終えられるよう内容を構成
- 実際の講義では担当教員が内容を補足しながら教えることを前提として，簡潔な表現のテキスト，わかりやすく工夫された図表でまとめたコンパクトな紙面
- 研究・教育に実績のある，経験豊かな大学教授陣による編集・執筆

●── 各巻 定価(本体2300円【税別】)

電子回路
岩田 聡 編著 ■A5判・168頁

【主要目次】 電子回路の学び方／信号とデバイス／回路の働き／等価回路の考え方／小信号を増幅する／組み合わせて使う／差動信号を増幅する／電力増幅回路／負帰還増幅回路／発振回路／オペアンプ／オペアンプの実際／MOSアナログ回路

ディジタル回路
田所 嘉昭 編著 ■A5判・180頁

【主要目次】 ディジタル回路の学び方／ディジタル回路に使われる素子の働き／スイッチングする回路の性能／基本論理ゲート回路／組合せ論理回路（基礎／設計）／順序論理回路／演算回路／メモリとプログラマブルデバイス／A-D, D-A変換回路／回路設計とシミュレーション

電気・電子計測
田所 嘉昭 編著 ■A5判・168頁

【主要目次】 電気・電子計測の学び方／計測の基礎／電気計測（直流／交流）／センサの基礎を学ぼう／センサによる物理量の計測／計測値の変換／ディジタル計測制御システムの基礎／ディジタル計測制御システムの応用／電子計測器／測定値の伝送／光計測とその応用

システムと制御
早川 義一 編著 ■A5判・192頁

【主要目次】 システム制御の学び方／動的システムと状態方程式／動的システムと伝達関数／システムの周波数特性／フィードバック制御系とブロック線図／フィードバック制御系の安定解析／フィードバック制御系の過渡特性と定常特性／制御対象の同定／伝達関数を用いた制御系設計／時間領域での制御系の解析・設計／非線形システムとファジィ・ニューロ制御／制御応用例

パワーエレクトロニクス
堀 孝正 編著 ■A5判・170頁

【主要目次】 パワーエレクトロニクスの学び方／電力変換の基本回路とその応用例／電力変換回路で発生するひずみ波形の電圧，電流，電力の取扱い方／パワー半導体デバイスの基本特性／電力の変換と制御／サイリスタコンバータの原理と特性／DC-DCコンバータの原理と特性／インバータの原理と特性

電気エネルギー概論
依田 正之 編著 ■A5判・200頁

【主要目次】 電気エネルギー概論の学び方／限りあるエネルギー資源／エネルギーと環境／発電機のしくみ／熱力学と火力発電のしくみ／核エネルギーの利用／力学的エネルギーと水力発電のしくみ／化学エネルギーから電気エネルギーへの変換／光から電気エネルギーへの変換／熱エネルギーから電気エネルギーへの変換／再生可能エネルギーを用いた種々の発電システム／電気エネルギーの伝送／電気エネルギーの貯蔵

電力システム工学
大久保 仁 編著 ■A5判・208頁

【主要目次】 電力システム工学の学び方／電力システムの構成／送電・変電機器・設備の概要／送電線路の電気特性と送電容量／有効電力と無効電力の送電特性／電力システムの運用と制御／電力系統の安定性／電力システムの故障計算／過電圧とその保護・協調／電力システムにおける開閉現象／配電システム／直流送電／環境にやさしい新しい電力ネットワーク

固体電子物性
若原 昭浩 編著 ■A5判・152頁

【主要目次】 固体電子物性の学び方／結晶を作る原子の結合／原子の配列と結晶構造／結晶による波の回折現象／固体中を伝わる波／結晶格子原子の振動／自由電子気体／結晶内の電子のエネルギー帯構造／固体中の電子の運動／熱平衡状態における半導体／固体での光と電子の相互作用

もっと詳しい情報をお届けできます．
○書店に商品がない場合または直接ご注文の場合も右記宛にご連絡ください．

ホームページ https://www.ohmsha.co.jp/
TEL/FAX TEL.03-3233-0643 FAX.03-3233-3440

(定価は変更される場合があります)